地域建筑图说

Pictorial Handbooks of Regional Architecture

喜洲民居

Xizhou Vernacular Buildings

饶小军 主编

乔迅翔 顾蓓蓓 编著

中国建筑工业出版社

图书在版编目（CIP）数据

喜洲民居 = Xizhou Vernacular Buildings / 乔迅翔，顾蓓蓓编著．—北京：中国建筑工业出版社，2021.10

（地域建筑图说/饶小军主编）

ISBN 978-7-112-26213-7

Ⅰ．①喜… Ⅱ．①乔… ②顾… Ⅲ．①民居－建筑艺术－大理市－图解 Ⅳ．①TU241.5-64

中国版本图书馆CIP数据核字（2021）第108161号

责任编辑：易　娜
责任校对：王　烨

地域建筑图说
Pictorial Handbooks of Regional Architecture

喜洲民居

Xizhou Vernacular Buildings
饶小军　主编
乔迅翔　顾蓓蓓　编著

*

中国建筑工业出版社出版、发行（北京海淀三里河路9号）
各地新华书店、建筑书店经销
北京锋尚制版有限公司制版
北京中科印刷有限公司印刷

*

开本：880毫米×1230毫米　1/32　印张：7¼　字数：234千字
2021年9月第一版　2021年9月第一次印刷
定价：**35.00**元
ISBN 978-7-112-26213-7
（37732）

从书序言

Preface

1

地域建筑作为独特而复杂的建筑现象，因时空所带来的差异化而构成了某种难以言说的历史语境。这使得建筑学科的历史研究面临着某种尴尬的局面：一方面作为广域分布的历史文化遗址和现象，地域建筑由于生态地理和人文格局的不同而造成空间分化与隔离，很难套用统一的知识范式和解释体系，归纳出诸如类型、起源、规律、结构等宏大的叙事逻辑，它们或许本就不存在高深的内在关联，独立、片段、偶然的个案呈现才是其天然属性；另一方面，地域建筑的物质实体虽然看得见摸得着，然而在时间的经久磨损中，它所承载的丰富的历史信息已然消失殆尽，或只残留些许片段的史料档案。

19世纪实证主义方法论所导向的中国建筑历史研究，通过实物与文献相互印证，以还原所谓历史真相为要旨，完成了正统官式建筑的叙事体系；但对于更宽泛的地域建筑和民居形态来说，相应佐证资料的缺乏迫使其游离于正统学术之外，所谓的实证研究仅限于表面的形态记录和资料整理，难以深入到内部去建构本体的知识框架，给世人留下封闭而沉默的背影。20世纪新兴的学科理论和方法在面对这些沉默的研究对象时，亦无法破解其中奥秘的法门，常常显得束手无策，难以言说。

事情也许要回到一些基本的层面来加以设问：面对相对封闭的地域建筑现象，当代学科的历史研究如何另辟蹊径？研究主体与客观对象的关系应如何定夺？我们如何看待还原历史真实性的本质？我们赖以测绘和记录建筑的制图方法、正统建筑的营造"法式"与地方工匠经验之间会呈现何种关系？

众所周知，近代意义上的建筑学是西方文艺复兴之后才形成的。职业建筑师的出现，伴随着手工生产工具转向机械工具，暗示了建筑师与工匠的分道扬镳，建筑的营造活动逐渐脱离了匠人原本无需图纸的现场制作与口授经验，传统的手艺技能逐渐与作坊工匠的身体相分离，建筑学制图法几乎成为营造活动的"代言人"，外化成某种概念性的知识体系和技术手段；18世纪由笛卡尔（Rene' Descartes）所建构的科学与理性的空间观念抛弃了人的身体及其个体经验，建筑转向单纯的象征性空间表征与再现。依据黑格尔（G. W. F. Hegel）的说法，这是客体性（objectivity）与主体性（subjectivity）之间的分离。进一步说，当近代西方建筑学语境传入中国，面对文化上有着巨大差异、地域性如此广泛复杂的中国传统建筑时，这种知识在结构上的内在矛盾性就转化为当下中国问题研究的现实障碍，即现代知识体系与传统营造经验之间构成了不对称的二元对立情形：一方是理论著作连篇累牍地构成庞大的知识体系；另一方则沉默寡言地固守着一堆无法破解的实物档案，无法凭借简单的理论标签和貌似科学的技术手段来加以言说。

然而，时至今日，我们也许已无法完全脱离西方知识体系和专业语境来孤立地讨论中国传统地域建筑，而有可能在某种特定的情形下，尝试基于当代建构理论所构筑的概念分析框架来重构中国传统地域建筑的历史知识，用现代的理性图解方法去破解和"还原"传统工匠的原初经验和地域的场所精神，将其转译成当代建筑图式语汇和解释体系，使之纳入今天的学科研究语境中。

2

基于上述的思考，也许有必要来重新审视一下建筑学最基本的建筑制图和分析工具，探讨与地域的建筑实体及空间聚落之间的关系。实际上，建筑制图作为一种分析工具，以往注重记录和表达的双重属性，而今则更加强调主体在运用制图工具时所体现的主观能动性。这一点可以从英语中的cartography与mapping的区别中加以分辨：cartography是一个专业术语，一般译为制图法，特指绘刻和记录；而mapping则广泛应用在英语的日常用语中，其后缀ing包含了一种“现场测量和后期绘制”的内涵，是一种“知识建构的过程”，指向一个主体认知过程中所欲表达的内涵。恰如赫伯特·里德（Herbert Read）所言，“我们观看我们所学会观看的，而观看只是一种习惯，一种程式，一切可见事物的部分选择，而且是对事物的偏颇的概括”。在建筑制图实践中，制图是作为开拓思路和能力、从思维的惯性中解放潜能的手段。技术性的工作超越了单纯的实用性与工具性，成为引发感知体验、价值判断的行为，并直接影响了最终的设计创作。

建筑测绘作为一种重要的记录手段和分析工具，既是对单体建筑的测量与记录，也包含对地形与场所的量测和分析，更可以扩展出对建筑所处的人文地理和社会形态的表达。由此，它便有了两个基本目标：一是通过测绘还原和再现传统工匠的个体经验和单体的建造过程，二是“以建筑的表象作为基础去追求建筑的知识，通过场所的表象而非类型或类别，揭示场所本身”［莫拉莱斯（Ignasi de Solà-Morales Rubió）］——即揭示场地和聚落的内在空间生成逻辑。

传统地域建筑作为一个物质性的实体档案和经验读本，有可能在测绘记录的过程中不断地被解读，同时又不断地被重写。由此，测绘与制图的过程就不仅仅是一种客观而全面的事实记录，更是一种主观的概念抽取和指向明确的表达，即测绘在客观地重新建构历史真实的过程中，将其扩展到人文地理学、人类学、社会学乃至心理学的范畴，使其成为建筑师认知空间与社会关系的心智地图。测绘图作为对人类历史文化的记述载体，既承载了对过去的认知，也明晰出对未来的规划。正如詹姆斯·康纳（James Corner）所说，“还原制图的行为，回到探索、发现和实现的过程，恢复地图与场地潜能之间千丝万缕的联系，将制图的内容从实物和形式转向各种地域的、政治的、心理的社会过程，可以有助于让建筑师有效地介入空间和认知社会发展过程。一种诠释和建构生活空间的特殊工具，在标准化程序之外进行创造和想象的活动。”通过这种调用身体参与的经验考古，它不仅揭示了隐藏不见的事物，还在原本分离的事物间建立起新的意义关联。它一方面是发现和陈列，另一方面构建出一系列有待于进一步完全实现的复杂知识关系。

3

本丛书共分三册：《沙溪民居》《喜洲民居》《澳门巴洛克教堂》。丛书的编写是以深圳大学建筑与城市规划学院建筑历史与遗产中心近年来所从事的建筑学本科测绘实习和研究生教学活动为基础，可以理解为是对地域建筑的一种“图解式实践”。师生不仅要深入到山乡聚落中进行实地的测绘调研，更希望通过测绘、制图和建模的过程，模拟传统建筑的建造过程和再现空间的视觉体验。虽然三个“个案”所处的地域和文化背景各不相同，但作为一种现象和背景，其中建筑的表象不仅是物质的也是精神的，不仅是照实描述或复制，更要结合空间的体验揭示其独特个性。从教学和研究的视角来说，编写者的意图是将传统建筑测绘表达寻求向两个方向的突破：一是向内突破，强调对单体建筑的客观的记录与转译，从中提取某些“建构”的类型与要素，包括对材料、构造、结构和建造等进行研究，强调对建筑本体建造经验的诠释；二是向外突破，将地域建筑纳入更广泛的人文地理和社会经济等大的背景当中，通过对民居聚落总体空间组织的句法分析，诠释其空间所具有的内在的社会组织和生成逻辑，即场所之精神所在。

分册的编写思路主要由图集和论文两个部分所组成。图集包括了单体建筑测绘和图法解析，辅以现场场景图片；而论文则是对以上图法呈现的扩展性研究和专题性解说。《沙溪民居》和《喜洲民居》重点考察了茶马古道遗产廊道沿线上两个典型的民居群落，概述了古镇民居形成的历史背景和其中典型建筑的建筑特征。其中几个专题性的章节如“沙溪传统木结构的榫卯逻辑”“大理民居建筑木构架特征探析”“大理喜洲传统民居营造技术演变初探”等，从地方建筑的营造工艺和建构类型入手解析大理白族民居的营造技术特点、地域分布和历史变迁的谱系；而“白族传统聚落的空间结构及其类型分析”则尝试从空间句法的理论视角揭示喜洲街巷空间的结构性特征和历史脉络。《澳门巴洛克教堂》以澳门世界文化遗产历史城区两座教堂为例，解析了巴洛克教堂的艺术特征，并对数字化技术与传统手段相结合的历史建筑测绘方法和制图工具进行了详细的论述。

最后，企盼丛书能够成为既有学术品质又具有普及性特点的书库。希望读者能够凭借“地域建筑图说”系列丛书的阅读，深入感受和了解中国地方建筑文化的独特魅力。同时编者也希望能从学科的理论建构角度，为当下地域建筑历史研究建立某种批判性的视野和诠释语境。谨为序。

饶小军

2021年3月20日于南山

目录

Contents

01

概述

GAI SHU

喜洲古镇背景概述

喜洲，古称为“史城”和“大厘城”，既是云南省著名的历史文化名镇，也是重点侨乡之一。喜洲是白族聚居区，下辖13个村民委员会、55个自然村，总人口达6万多。

喜洲年平均温度是15.1℃，最热为7月，最冷为1月，全年相对最高和最低温差达到12℃，冬无严冬，夏无严夏，有“四季如春”之称。海拔2096米，年平均降水量为1080.1毫米，雨水既充裕又不过度，全年日照为2282小时，日光丰裕，气候条件十分适合农耕，是物产丰富的渔米之乡。

喜洲有农、林、渔、工、商五种产业形式，如今，旅游业、建筑业和农业成为当地人主要的谋生方式。

喜洲的宗教信仰可以分为五种：佛教、道教、巫教、本主信仰和祖先崇拜。虽然后期有基督教、伊斯兰教等的传入，但是信教历史短且集中在少数地区。

1. 喜洲古镇的聚落

喜洲古镇归纳为同向主中心发散的合院式平坝型商贸集市聚落。

1.1 聚落历史演变

——水路交通港口：喜洲最早的集市市坪街的形成

喜洲古镇的东侧原有一处靠近洱海的淡水湖——龙湖，龙湖港作为喜洲最重要的水路通道其能通往上关、下关和海东方向等多地。在交通不发达的时代，这个港口对喜洲古镇的影响是巨大的，在通往龙湖港口的路途中形成了喜洲最早的集市，就是现在的市坪街。

所以可以推测，整个喜洲聚落最先发展起来的地区是从市坪街开始的，它两侧唐南诏时期的九坛神本主庙就是很好的佐证。但是可惜的是，20世纪70年代，因为“围海造田”，将一汪龙湖变成了水田，这个喜洲人使用了多年的港口就此消失。

喜洲聚落的形成重点围绕这条最早的集市街展开，喜洲历史上曾为叶榆县治，两度建都。原先有四个门，现在仅存的为正义门（西门）和东安门。由东安门在四个门中的位置可以看出它处于东面中间的位置，结合与东安门平行的市坪街是喜洲最早的集市街，可以推测以东安门为中心的大界巷形成了最早的一片住户中心区，其中大界巷住宅区中现存的赵府、七尺书楼、尹才之宅目前都是喜洲遗留下来最早的一批住宅，这就是很好的佐证。

简陋而露天的集市，即俗称的“草皮街”，随着市坪街的发展繁荣自然而然地出现，并以此为基础逐渐壮大为商铺，四方街便由此而来。而四方街与市坪街相连的地方是一段圆弧街巷，而沿弧形街巷布置的民居必然受其影响，这种民居体量空间与街巷空间发生的冲突，可以推测背后的原因可能和早期“偶然”因素或者早期聚落发展不成熟有关。再以四方街为中心发散出去的市户街、市上街、富春里，构形了整个聚落的发散状街巷网络空间。

1.2 聚落公共空间布局特征

喜洲古镇的公共空间按照形态类型分为两种：广场空间和节点空间。

——广场空间

按照用途分为两种：四方街、庙宇类或者公共建筑类广场空间。

四方街

前面推测整个喜洲聚落最先发展起来的地区是从市坪街开始的，聚落的形成重点围绕这条最早的集市街展开，当市坪街的集市规模过大的时候，就发展到“草皮街”的阶段，指露天的集市场地，渐渐就形成了永久性的商铺，构成了真正意义上的四方街。而四方街也是云南滇西集镇特有的兼具集市、交往等多功能用途于一体的聚落中心广场。

庙宇类公共建筑类广场空间

广场空间一般位于本主庙或公共建筑的门前，它的分布随着本主庙或公共建筑的位置而定。对于线性组成的街巷网络空间，广场空间具有重要意义。

——节点空间

按照用途分为三种：入口节点空间、标志性节点空间、生活性节点空间。

入口节点空间

紧邻喜洲村落的入口处是茶马古道右道经过的地方，而茶马古道对沿线聚落可达性影响的扩大是十分重要的。这导致了入口前导空间是以开阔的场地来连接村落外部与内部的街巷网络空间。

标志性节点空间

（1）苍洱体系中的平坝型白族村落的入口常常设置带有风水性质的标志——大青树。喜洲古镇中有三处，分别是正义门入口前导空间以及喜洲通往城东村、通往市里村处。它的作用是加强聚落之间的内聚性和保证与其他聚落的分离又连接。

（2）牌坊具有很强的标识性，于主街上。由于处于“轴”街巷与“辐”街巷的交界处，起到空间的过渡（四方街的牌坊和市上街的牌坊）、延续（市户街的牌坊）和转折（四方街通往市坪街的牌坊）的作用。

在喜洲古镇里，生活性节点空间主要指公共井台空间。多数是位于街巷一侧，并与周围的建筑物围合而形成一个半公共空间。每个井成为一片街坊的某个地块的中心，具有空间领域性。它也成为居民日常生活中休息、聊天、聚集的好去处。

——公共空间布局特征

四方街占据喜洲古镇的几何中心，其可达性好、空间开放度最高；广场空间的布局特征是，以离聚落几何中心为一定的半径分散式的可达性效率优与良结合；牌坊标志性节点空间的布局特征是，以可达性效率优为主的分散式布局；井台生活式节点空间的布局特征是，以居民出行半径为前提的集中与分散相结合的模式。

2. 喜洲古镇建筑功能类型

根据功能用途不同，将喜洲古镇的空间要素分为商业、庙宇、市政公共建筑和住宅四类。

2.1 商业类

喜洲虽然有四大家族，其资产在整个云南很有影响力，但大多数工业企业在下关、昆明等地，在喜洲的很少。这使得喜洲并没有出现更繁华和专业的商业街，而是依然以小商品和日常农耕作物、日用品买卖为主。近些年，旅游业的发展促进了传统手工业和餐馆、旅店的兴起。

2.2 庙宇类

根据喜洲的宗教信仰即佛教、道教、本主神信仰、伊斯兰教和祖宗崇拜，对应地庙宇建筑有：三教合一的紫云山寺和大慈寺、本主庙、清真寺和宗祠。在庙宇类型建筑中，喜洲村落中本主庙和宗祠的数量是最多的。喜洲古镇一共有三处本主庙，分别是九坛神本主庙、妙元祠和中央祠。

2.3 市政公共建筑

喜洲的公共建筑按使用功能主要分为三种：门楼（现存的东安门和正义门）、当地解放后建设的公共建筑如政府机关单位、学校、图书馆和市场。

2.4 住宅

传统住宅分为三种："功能复合型"带店铺的沿街民居、"汉式"白族民居和土库房。其中，"汉式"白族民居占住宅数量的 70%，带店铺的沿街民居占住宅数量的 20%，土库房占住宅数量的 10%。可见"汉式"白族民居占压倒性数量，这也是影响喜洲村落街巷结构形态与民居风貌的决定性因素。

3. 喜洲古镇传统建筑技术特征概述

3.1 木作

喜洲传统建筑木构架是极其独特的一种体系，其特征可以总结为土木相依、重木相叠、大头榫拉结之法，以及套榫版营造法等，反映出本地区的建筑文化基底，显示了在结构、木构架构成、构造以及营造等多个技术层面上的独特性及其系统性。同时，在某些方面表现出强烈的穿斗架性质，如注重构件拉结性能，尽管其具体做法完全不同；有些则表现为抬梁架甚至是井干式的特征，如木构件垒叠之法；还具有某些土木混合结构做法。建造施工采用套榫版营造法而无杖杆法，形成了独特的营造技艺。

3.2 土作

——土料

大理坝区的生土黏性较大，不如坝区边缘地段的土壤砂性强，工匠在选择土料时，就会挖取含砂的部分，增加黏结性。土料常取于春节后的三四月份，此时土壤中水分含量适中且为农闲。由于一般取自自家田地耕作土层之下，因此仍要靠筛土剔除有机杂质以及粒径过大的石子。理想的情况是土质黏性适中，无须加入骨料，经过放置即可使用。土料过筛不必追求过高纯度，毕竟此后拌和发土时，还要加入拉结料和骨料。稻草、芦苇、松针等拉结料可以增加墙体的抗拉抗剪性，碎砖瓦、砾石等骨料则有助于加强抗压性。这样既增强刚度又减小墙体的收缩变形，依不同部位需求而定。

用于瓦屋面下的土料，若内中有腐殖质、植物根茎等有机物，遇雨潮湿则会长草。因此据说要经过一道蒸土的工序来备土，蒸土可能是加入石灰，因此具有碱性而疏于打理的老房屋顶墙头常见仙人掌长出。

——土坯

本地墙面土坯露明处大多在山尖至腰檐以下，所见土坯的颜色由灰白到棕黄到棕红各有不同，因土质而异。沿洱海边一带，墙体内添加有螺壳作为骨料，砂性也相对更大些。虽然土坯外露大多没有加饰面，或者饰面已经破损，然而材料质感的丰富也可以作为表现方式的一种，这种尝试在不同颜色的烧结砖中更为常见。砌筑时需每层放水平线，控制收分有竖向线。

墙体夯筑时每版收头呈斜坡状，相互叠压，上、下版的收头错开，能避免通缝。歇版后，墙体的阳面用木板挡住，以避免阴阳面不均匀收缩。歇版一年甚至更久，只待下段墙体彻底干透，然后立木屋架。

——辅料

洱海地区的螺壳质地坚硬，表面粗糙容易黏结，是很好的骨料，而且螺壳中空密度小，可以有效减小墙体自重。其他地区也会购买螺壳，用于拌和填塞砖檐或者填压封檐石的土，利用其特性减少上部材料的压力。

墙体中的辅料还会用到“襻竹”“纴木”等作为加固墙筋，竹筋用一丈来长的新鲜毛竹压扁平放，而木枋板多用耐腐蚀的杉木，“纴木”外露部分要用面砖封盖，防水侵蚀。

3.3 砌筑

大理府城西侧盛产苍山片麻岩的块石。其中，大理民间称为龙骨石的，是一种颜色灰白、质地坚硬有透感、耐风化腐蚀且不溶于水的石材，是砌筑的最佳选材。

——石砌筑

喜洲传统建筑的石墙约两鲁班尺厚，即66厘米，次要处可以减薄，收分可以砌筑至6米高度。若是临时的围墙，也可用比较简陋的包心砌，底部厚约1米，高不过 2 米，两面收分比较大，内部填塞细小卵石。

墙体的卵石一般粒径为10 ~ 15厘米，墙角用方整的块石砌筑，墙心用卵石大小搭配，错缝填压。砌筑方法分为干砌和浆砌，干砌牢固耐水，虽然费工但墙脚部分一定需干砌，次要部分可以用浆砌，然后石缝填泥黏结，施工时间较短。

大块的或者长条的料石优于卵石，常用于前檐墙，同时用于转角、端头、丁接等部位。从外表面看，底层外墙似乎完全由整块料石砌筑，实则是一眠一斗用9 ~ 12厘米的规整石材包砌的面层，留明缝或者勾勒带子条的形式，内核卵石灌浆填充，里皮抹灰。

转角处墙体可见用丁拐法砌筑的料石做法，类似于井干正交。

墙基石脚的石料曾经就地取材，以龙骨石（俗称狗头石）砌筑类似虎皮石墙的洞宾纹为主，如大界巷、染衣巷一带老房石脚尚可见洞宾纹的出面。

——砖砌筑

本地使用青砖。面砖可以分为印花砖和素面砖，两种又因为所使用的部位不同而分为多种规格与形状。印花砖大多是卧埋砌入填后的土坯中，只露出条面纹样，称为花边砖。素面条砖多用于包框墙体，包砌金包玉的角柱或者开口部分两侧的门柱。素面条砖的尺寸大多为28厘米×14厘米×5厘米，较宽厚，多用于角柱下部。另外，常见六角形砖，尺寸大小不一，多用于山尖与檐下部位，形成菱形或者龟背锦的图案。较小的六角形砖也会用于铺地。

3.4 装饰装修

照壁、大门、游廊、地坪和门窗为装饰的重点。装饰的方式包括木雕、彩绘、砖饰和石刻等。

——墙体

墙体的装饰主要集中于檐下，常见六边形砖饰整齐排列如蜂窝状，并有意识地结合纹样、色彩加强墙面的艺术性。墙体外有砖石叠涩与屋檐相接，形成过渡层次，丰富了建筑的造型。

——门楼

门楼是最重要的装饰部位之一。以“有厦出阁式”的装饰最为华丽，檐下斗栱有数跳，有斜栱衬托，层次密集，繁复至极，两侧翼角高举，多作歇山顶。在木制斗栱端头雕刻有各色吉祥图案和吉祥动物的形象，外髹桐油，体现出精湛的木工雕刻技艺。在门楼两侧的八字墙上，通常嵌有花卉、景物、名人诗句等装饰内容。

——照壁

长方形照壁多以土坯、卵石和砖砌筑而成，顶部有飞檐起翘。照壁的形式有一滴水屋面和三滴水屋面两种，前者又叫独脚照壁，平面呈一字正平无转折，主体部分的瓦顶墙帽为四注式，旧时唯有官宦之家才可使用。三滴水照壁多分为三段，呈八字势，中段较长且宽，两侧较矮且窄。檐口下通常有一条装饰框带，内用大理石镶嵌各类图案，复杂的有泥塑花饰甚至花鸟图案。照壁正中以泥塑或者题字为主，色彩以黑白灰单色或冷色为主。

——屋面

屋顶多采用瓦屋面，板瓦为沟，上覆筒瓦。屋脊采用简洁的起翘做法，讲究的屋脊两端呈现鳌鱼之形。檐口的滴水和瓦当形式较为简洁，没有过多的纹样装饰，檐下封檐板或有少许木雕。

——门窗

房屋明间常见四扇、六扇或八扇等格门。格心由简洁棂格组成，中部绦环板处用线勾勒边框，下部裙板少数有木雕刻。雕刻图案以吉祥植物、动物为主，体现吉兆瑞应、平安顺遂的含义。土库房建筑中可见双层窗，除去格窗外，室内侧有一层木板加强封闭性。

02

研究专题

YAN JIU ZHUAN TI

白族传统聚落的空间结构及其类型分析
——以云南大理喜洲镇为例

黄颖璐　饶小军

摘要： 作为我国现有的保存最完好、规模最大的传统白族聚落之一的喜洲古镇，其街巷网络空间形成独特的结构，具有很高研究价值。本文将空间句法的理论在喜洲传统聚落空间研究中进行尝试应用和实验分析，提出街巷空间深度研究模型，解决了聚落空间结构描述的可能性；并针对传统聚落的街巷形态和建筑的功能分布建立起一个客观的分析路径，从而对建筑公共性问题的理解有了较为清晰的解释；以及为传统村落的保护原则和方法及可持续发展的策略提供了一种较为客观的理论依据。

关键词： 街巷网络结构分级；可达性效率；空间深度研究模型；保护规划

喜洲古镇历史悠久，其整体空间格局与形态主要是在明末至民国的这段时期缓慢地由自然聚落演变沉淀形成。在漫长的演变过程中，喜洲古镇受地域环境、人文历史、经济条件、宗教思想等影响，其中主要受茶马古道“水——陆交通线”的影响，形成了中心放射式的商贸市集型聚落结构形态。

1973年10月建成了通往西藏的公路——滇藏公路即现在的国道214，即大迪段[1]右道，就是以原滇藏茶马古道为基础而建，沿着喜洲古镇平行直上；左道则被分解成由大理——丽江的省道大丽路221，出于保护喜洲传统白族聚落的考虑，将原先穿越古镇中心的四方街集市的左道路线改成现在沿古镇西侧的外围道路直上（图1）。大迪段的左道和右道都提高了沿线聚落的可达性，喜洲聚落的几何中心四方街位于茶马古道上，这对于喜洲聚落独特空间格局的形成有不可估量的作用（图2）。

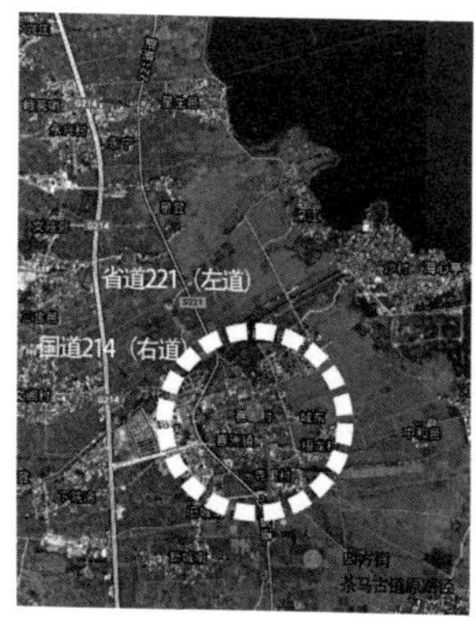

图1　左道和右道位置

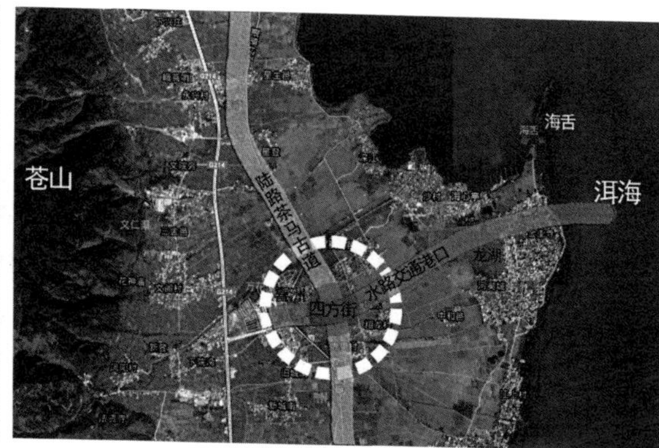

图2　“水——陆交通线”交汇处——四方街位置

据赵勤先生的《喜洲龙湖旧事》记载，交通不发达时，喜洲的东侧有一处靠近洱海的淡水湖——龙湖，龙湖港作为它最重要的水路通道能通往上关、下关和海东方向等多地（图3）。这个港口对喜洲聚落的形成影响巨大，从喜洲通往龙湖港口的路途中形成了它最早的集市——市坪街（图4）。喜洲的形成重点围绕这条最早的集市街道而展开，继而形成了最初的露天集市，俗称“草皮街”，即四方街。喜洲随市坪街和四方街的发展，而不断拓展形成了整体聚落街巷网络空间。

图3　龙湖港口

图4　喜洲最早的集市——市坪街的形成

1. 研究方法

传统有关聚落的研究围绕街道进行，更多的是对空间表象的描述，即根据不同的分类标准将街道划分为不同类型，如平面形态、功能特征、尺度关系等来定义道路差异，而未触及空间的本质和结构。现代空间句法理论为空间结构的研究提供了深入的可能性，使得研究可沿着这样一些思路而展开：①喜洲街巷空间发展的现状格局具有怎样的规律与特点，街巷网络的空间结构类型与其形态特征存在怎样的关系？②人们在认知传统村落的过程中，如何从空间结构的角度给予分析和讨论，如何建立其空间分析的概念模型，对聚落的结构进行量化分析，提出相应的标准和运算法则，如何评价聚落的空间效率？③传统聚落建筑的功能类型与街巷空间结构具有怎样的关系，建筑功能布局与空间结构关系之间有无关联性？④如何解析传统聚落街巷与公共空间的结构类型或等级，以及等级所对应的关系及空间特征？

本文根据空间句法理论以街道空间拓扑连接关系作为研究的切入点，在喜洲聚落空间研究中，对喜洲街巷的“网络拓扑性”进行尝试应用和实验分析，提出了以街巷的标准化空间句法数值NACH的性能指标的高低（即可达性效率）为基础的空间深度研究模型。即以街巷空间结构的拓扑距离这一空间句法的指标把街巷空间结构分成三个等级，再分析聚落的街巷空间深度与结构等级，通过对其结构等级的划分，为聚落空间结构的客观可描述性提供了可能，并能够针对传统聚落的街巷形态和建筑的功能分布建立起有效的分析路径。

2. 喜洲聚落街巷网络空间结构分析

2.1 空间结构分级原则

运用空间句法Depthmap②软件对喜洲街巷网络体系进行分析，提取其中标准化空间句法NACH③数值和整个网络的平均深度（步数）进行计算，同时基于将标准化空间句法数值NACH的大小（根据客观计算结论），即从高到低的三等分所对应的空间可达性效率的高、中、低进行街网分组，共划分为三组（图5），即“第一组街网和核心”、“第二组街网”与“第三组街网和核心”，并对各组街网的参数进行分析（表1）。以此作为对空间结构三个等级划分的初步原则（图6）。

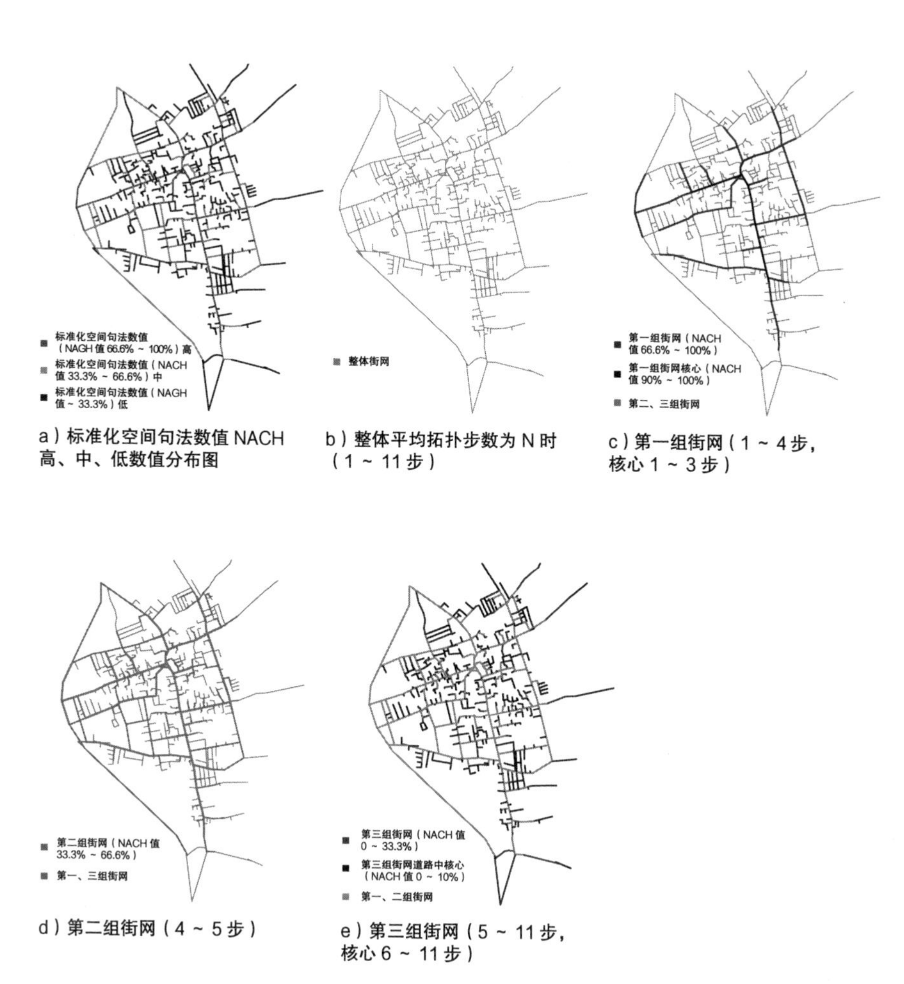

a）标准化空间句法数值 NACH 高、中、低数值分布图

b）整体平均拓扑步数为 N 时（1 ~ 11 步）

c）第一组街网（1 ~ 4 步，核心 1 ~ 3 步）

d）第二组街网（4 ~ 5 步）

e）第三组街网（5 ~ 11 步，核心 6 ~ 11 步）

图 5　喜洲街网分组

喜洲街网分组参数分析

表1

街网分组＼参数	整体平均拓扑步数	道路颜色属性	街巷构成	结构清晰度	结构的复杂程度	空间形态	可达性效率	可识别性	空间性能活跃程度	特别说明
第一组街网核心	1~3步	深红色属性	三条长街巷发散构成	最强	最简单	丁字形，向外延伸分布	最高	最强	最高	喜洲聚落的街巷网络空间结构已经大体显示出来
第一组街网	1~4步	红色属性	一组长街巷交汇构成	强	简单	以中心（四方街）发散的环形主干循环趋势	高	强	高	
第二组街网	4~5步	黄色属性	大约一半的长街巷和一半的短街巷构成	一般	一般	枝干伸展状	中	一般	中	从属于第一组街网结构，是第一组街网结构的补充和拓展，又起到第三组街网结构的主导性作用
第三组街网	5~11步	蓝色属性	大量的短街巷和很少量的长街巷构成	差	复杂	复杂的破碎离散分支状	低	弱	低	对应喜洲聚落整体平均拓扑深度最深的住宅区
第三组街网核心	6~11步	深蓝色属性	短街巷构成	最差	最复杂	破碎离散尽端式伸展状	最低	最弱	最低	

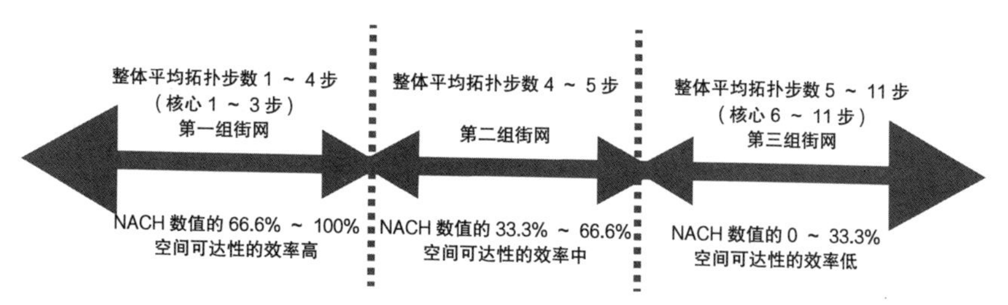

图 6　喜洲街巷空间结构分级（街网分组）原则

2.2　空间结构分级之细分

从图7可知，第一组街网中结构呈现出来的4步完成了33.3%的可达性效率和19.3%的街巷数量工作量，其中第一组街网核心部分结构呈现出来的3步解决前10%的可达性效率；第二组街网中结构呈现出来的1步完成了33.3%的可达性效率和24.2%的街巷数量工作量；第三组街网中结构呈现出来的6步完成了33.3%的可达性效率和56.5%的街巷数量工作量，其中第三组街网核心部分结构呈现出来的5步解决最后剩下来的10%的可达性效率。

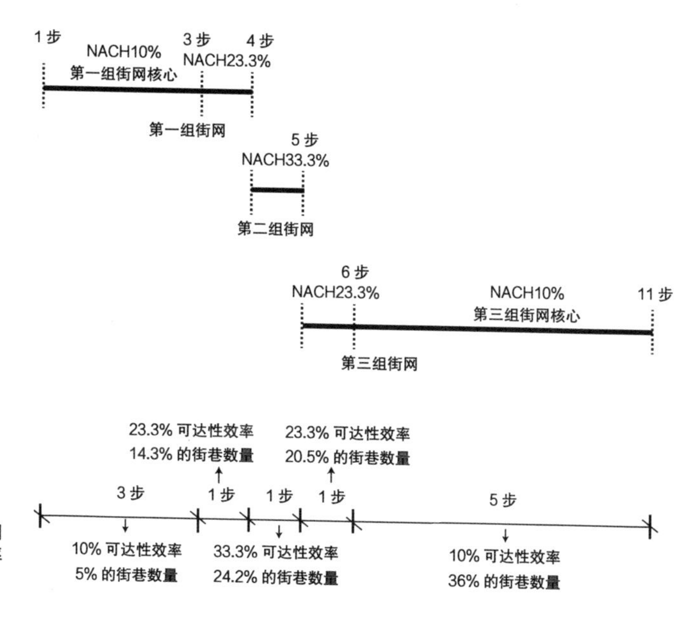

图 7　喜洲街巷网络空间可达性效率（NACH）细分

对比发现，从街网整体平均拓扑步数为11步来说，当整体平均拓扑步数为6步时，我们就已经完成了整个村落90%的可达性效率，多出来的5步不过是解决最后剩下来的10%的可达性效率。在3～6步上，可知街网结构呈现出来的3步就解决了整个村落59%的街网数量和完成了整个街网结构的80%的可达性效率。23.3%的可达性效率分别集中在3～4步和5～6步上，33.3%的可达性效率则集中在4～5步上。

所以对比喜洲聚落自身的空间街巷网络结构来说，结论揭示两点：①整个聚落的整体平均拓扑步数是集中靠前且较浅的，说明喜洲聚落街巷空间的可达性效率是很高的；②整个聚落的整体平均步数的值是由少到多再到少渐变变化的过程，说明喜洲聚落街巷空间结构是自下而上自组织和自生长形成的。

根据图7所示可达性效率细分和图8所示结构细分准则，再以喜洲街巷网络的结构属性（即轴线数量、可达性效率和拓扑深度等）所定义的综合街网结构的可达性效率细分数据绘制表2，并将喜洲街巷空间结构分级，划分为三级（图9）：“一级骨架结构部分”“二级主体结构部分”和“三级离散结构部分”。对应的空间划分为三个等级的开放程度，并对街巷空间的质量进行评估（表3）。

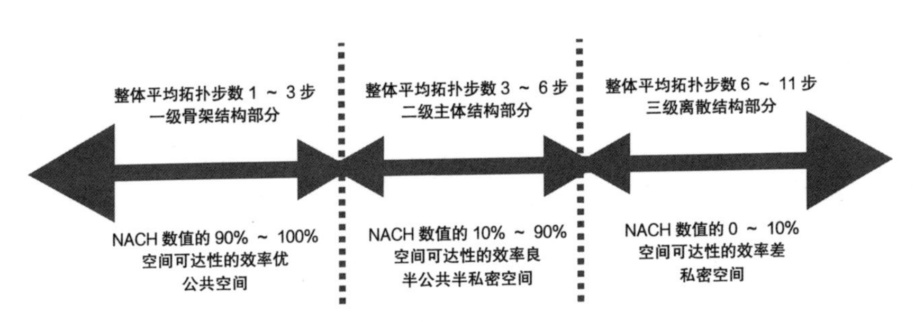

图 8　喜洲街巷空间结构分级（结构细分）原则

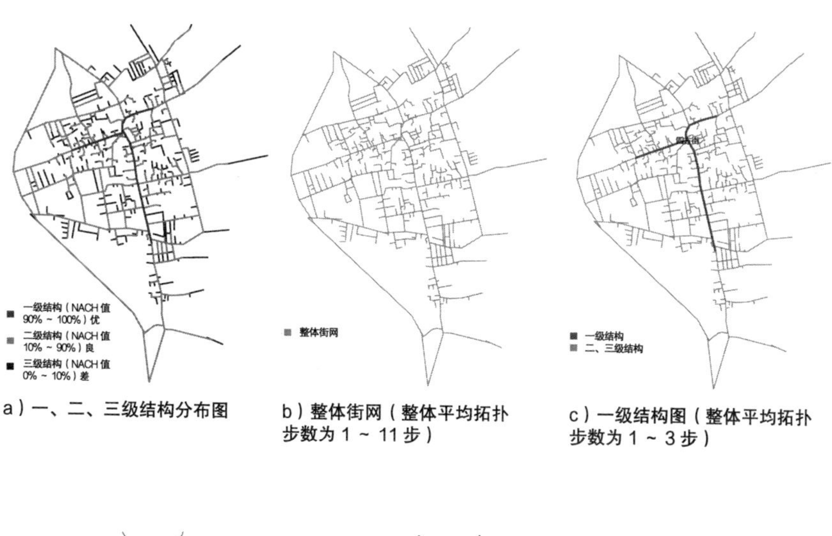

a）一、二、三级结构分布图

b）整体街网（整体平均拓扑步数为 1 ~ 11 步）

c）一级结构图（整体平均拓扑步数为 1 ~ 3 步）

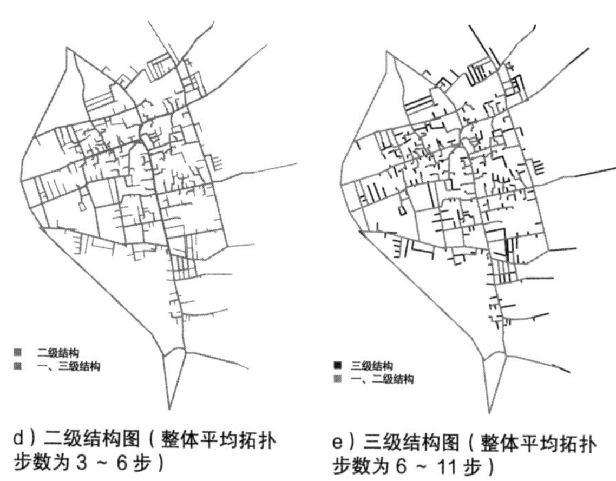

d）二级结构图（整体平均拓扑步数为 3 ~ 6 步）

e）三级结构图（整体平均拓扑步数为 6 ~ 11 步）

图 9　喜洲街巷网络空间结构分级

喜洲街巷网络空间综合结构效率分类 表2

<table>
<tr><th>街网分组</th><th>可达性效率从高到低分级</th><th>轴线数量</th><th>轴线所占百分比例</th><th>整体平均拓扑步数</th><th colspan="2">可达性效率分级细化</th><th>可达性效率平均数值</th><th>可达性效率最小至最大数值</th><th>轴线数量</th><th colspan="2">轴线所占百分比例</th><th colspan="2">整体平均拓扑步数</th><th>综合结构效率分类</th></tr>
<tr><td rowspan="2">第一组街网</td><td rowspan="2">66.6%~100%（33.3%）</td><td rowspan="2">221</td><td rowspan="2">19.3%</td><td rowspan="2">1~4步</td><td colspan="2">10%</td><td>1.54</td><td>1.48~1.6</td><td>59</td><td colspan="2">5%</td><td colspan="2">1~3步</td><td>一级骨架结构部分</td></tr>
<tr><td>23.3%</td><td rowspan="3">80%</td><td rowspan="3">1.1</td><td rowspan="3">0.86~1.48</td><td>162</td><td>14.3%</td><td rowspan="3">59%</td><td>3~4步</td><td rowspan="3">3~6步</td><td rowspan="3">二级主体结构部分（包含59%的街网数量，在3~6步的拓扑距离内完成了整个街网结构的80%可达性效率）</td></tr>
<tr><td>第二组街网</td><td>33.3%~66.6%（33.3%）</td><td>277</td><td>24.2%</td><td>4~5步</td><td>33.3%</td><td>277</td><td>24.2%</td><td>4~5步</td></tr>
<tr><td rowspan="2">第三组街网</td><td rowspan="2">0~33.3%（33.3%）</td><td rowspan="2">646</td><td rowspan="2">56.5%</td><td rowspan="2">5~11步</td><td>23.3%</td><td>234</td><td>20.5%</td><td>5~6步</td></tr>
<tr><td colspan="2">10%</td><td>0.226</td><td>0~0.86</td><td>412</td><td colspan="2">36%</td><td colspan="2">6~11步</td><td>三级离散结构部分</td></tr>
<tr><td>整体街网</td><td>0~100%</td><td>1143</td><td>100%</td><td>1~11步</td><td colspan="2">0~100%</td><td>0.8</td><td>0~1.6</td><td>1143</td><td colspan="2">100%</td><td colspan="2">1~11步</td><td>—</td></tr>
</table>

喜洲街巷网络空间结构参数分析 表3

结构分级 \ 参数	整体平均拓扑步数	道路颜色属性	街巷构成	结构清晰度	结构的复杂程度	空间形态	可达性效率	可识别性	空间性能活跃程度	空间性质	特别说明
一级结构	1~3步	红色属性	一组（三条）长街巷构成	清晰干净	简单明了	丁字形，向外延伸分布	优	强	高	公共领域	对应正是喜洲聚落最早形成的集市街和“水陆交通线”交会处
二级结构	3~6步	黄色属性	大约一半的长街巷和一半的短街巷构成	趋于完整	复杂度一般	网络形环状	良	一般	中	半公共半私密领域	一、二级结构已经将喜洲街巷整体网络空间结构基本显示出来
三级结构	6~11步	蓝色属性	大量的短街巷和很少量的长街巷构成	破碎离散	复杂度高	破碎离散状，尽端式伸展型	差	弱	低	私密领域	对应喜洲聚落整体平均拓扑深度最深的住宅区

3. 街巷空间特征、平面类型与三级空间结构关系

结合图10和表4分析，喜洲街网空间结构是以直线形与十字形街巷形态构成一级丁字形发散的骨架结构；以长、短直线形和折线形为主，曲线形为辅，结合十字形和T字形街巷形态构成二级网络环形主体结构；并以折线形为主，T字形与L形相结合的街巷形态构成破碎、孤立状的尽端式伸展型离散结构。

结合图10和表格2、3中显示，36%的三级结构街巷数量导致了大量T字形和L形、折线形为主的尽端式伸展型的生活性街巷的出现。这就使得喜洲聚落成为一个自生长自组织的传统聚落，人们经验性认知行为将街巷网络理解为蜿蜒曲折、错综复杂的结构，与我们实际分析现状相符合，它的空间结构逻辑与人们的认知空间形态特征存在必然联系，并且喜洲街网的空间结构类型与其形态特征相一致，同时受喜洲较明确的苍（位置稍高）洱

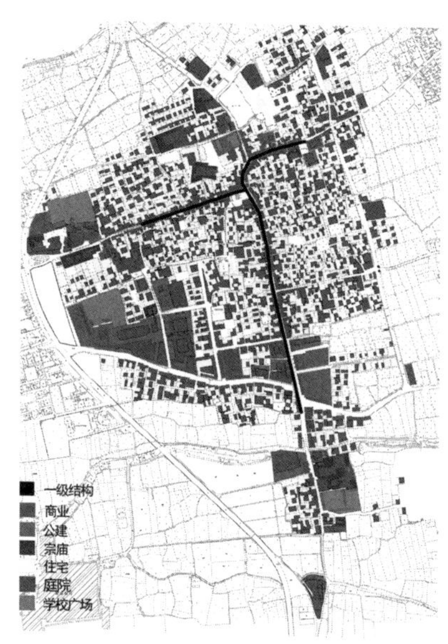

图 10 a-1）喜洲街巷网络一级空间结构与空间性能分布

图 10 a-2）喜洲街巷网络一级结构街巷交叉口布局

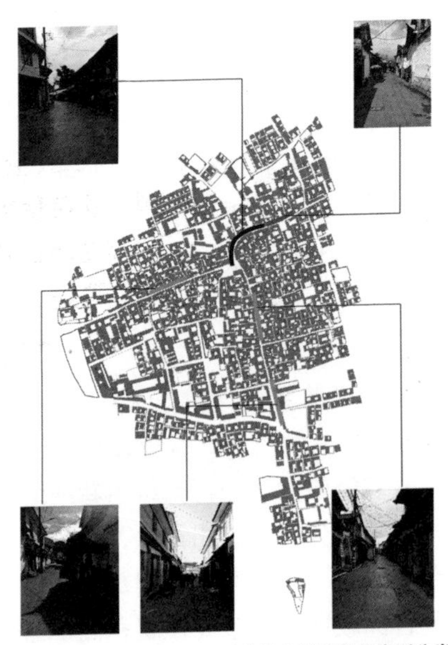

a-3）喜洲街巷网络一级结构街巷平面形态类型分类

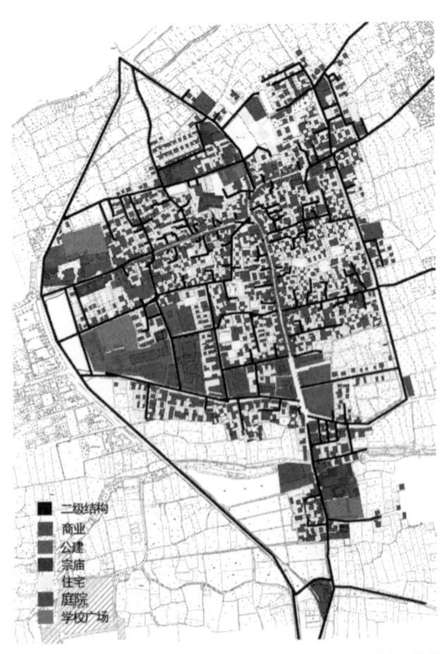

b-1）喜洲街巷网络二级空间结构与空间性能分布

b-2）喜洲街巷网络二级结构街巷交叉口布局

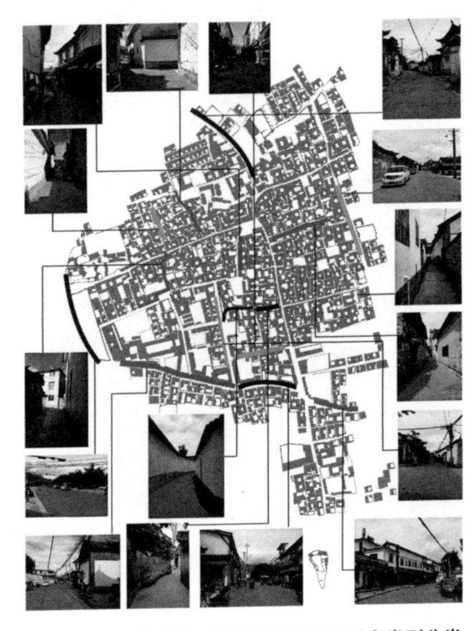

b-3）喜洲街巷网络二级结构街巷平面形态类型分类

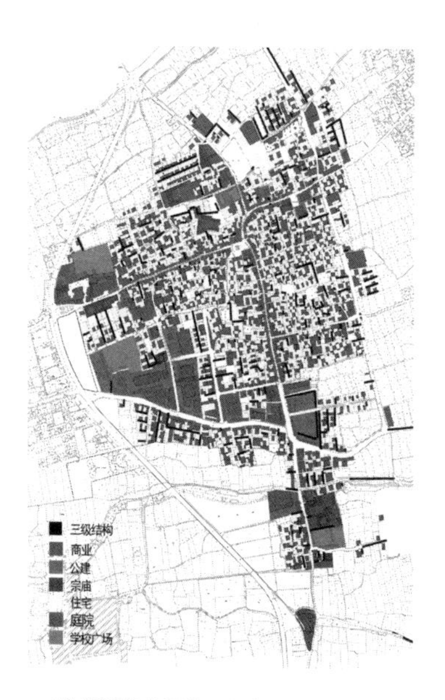

c-1）喜洲街巷网络三级空间结构与空间性能分布

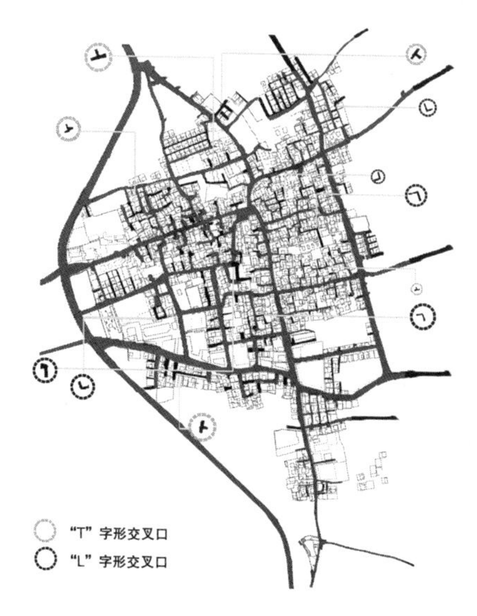

c-2）喜洲街巷网络三级结构街巷交叉口布局

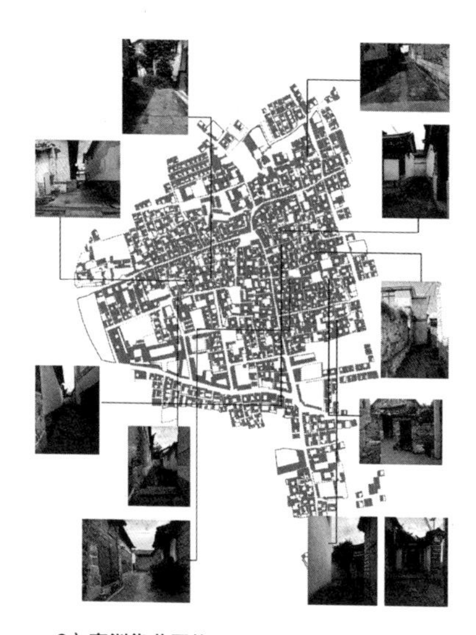

c-3）喜洲街巷网络三级结构街巷平面形态类型分类

图 10 a）~c） 喜洲街巷网络三级空间结构与空间性能分布、街巷交叉口布局、街巷平面形态类型分类关系

喜洲街巷网络三级空间结构街巷空间平面类型与空间特征分析 表4

	整体平均拓扑步数	空间尺度D/H	社交距离	可达性效率	空间性能活跃程度	空间性能特征	平面布局	形态类型	立面风格	空间连续性	指向标识性	空间性质	空间感知
一级结构	1~3步	0.65~1.0	公共距离④	优	高	商业、本主庙	只有十字形交叉口	街道规则，长直线型为主，折线与曲线型为辅	前店后宅，挑檐式的结构形态，一定节奏性的披檐等细部构造与装饰，界面空间元素多样	好	清晰度强	公共领域	空间处于均匀、开阔感与压迫感的空间感知中，不停地转换，交往尺度适宜
二级结构	3~6步	0.5~2.0	公共距离与社会距离⑤	良	中	商业、宗庙、公共建筑、住宅	以十字形和T字形交叉口为主，并以Y字形交叉口为辅	街道规则和非规则相结合，长、短直线型和折线型为主，曲线型为辅	一体化的一定节奏性石质、土质或砖质实墙体，立面会有凹凸变化的形态，界面空间元素多样	一般	一般	半公共半私密领域	空间感较宽阔，街道空间紧凑，产生一种向心而内聚的积极性空间
三级结构	6~11步	0.4~0.7	社会距离⑥	差	低	住宅	T字形与L形交叉口相结合	街道不规则，折线型为主，直线型为辅	一体化的石质、土质或砖质实墙体，一定节奏性的披檐等细部构造与装饰，界面空间元素单一	差	清晰度差	私密领域	视线高度收束，有极强的压抑感，满足极强的私密性和安静的氛围

（位置略低）体系街巷空间格局以及苍山醒目的标志性影响，并伴有广场和节点公共空间作为标识空间，使得喜洲聚落的街巷网络空间具有很强的可识别性和清晰的指向性与方向性特征。

4. 建筑功能类型、布局特征与三级空间结构关系

结合图11、图12和表5，空间句法的“运动经济学”原理对聚落的演变起着推动性作用，不同的建筑功能要素根据各自对可达性效率的需求程度的不同，选择在相应的空间结构上布局。各类空间结构与社会活动具有相辅相成的自组织规律，并具有反馈和倍增效应。一级骨架结构布满商业设施与本主庙，因为此处可达性效率最高，充分利用交通便捷的优势吸引大量人流。二级主体结构上是各功能混合式的布局模式，这符合人流的空间分布逻辑，使得一级骨架结构的中心组团和三级离散结构的居

图 11 一、二、三级街网结构与建筑要素分布关系

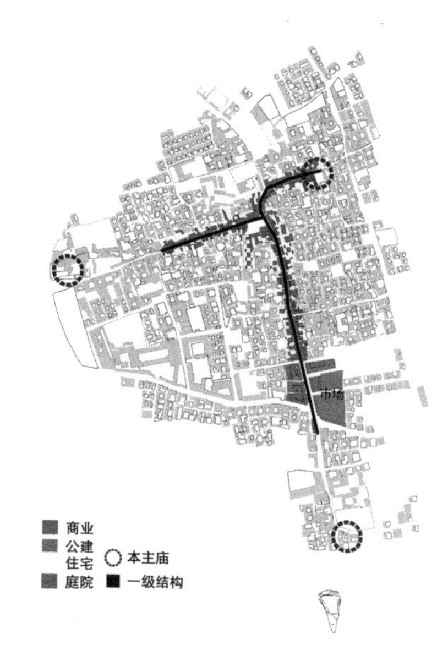

图 12 a-1）一级结构与空间要素分布关系

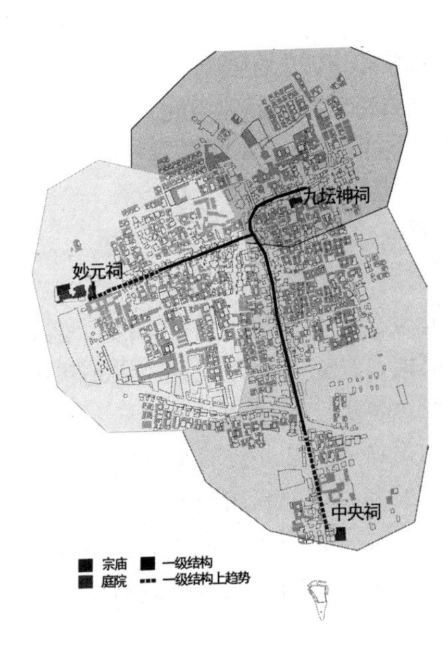

图 12 a-2）一级结构与本主社区范围关系

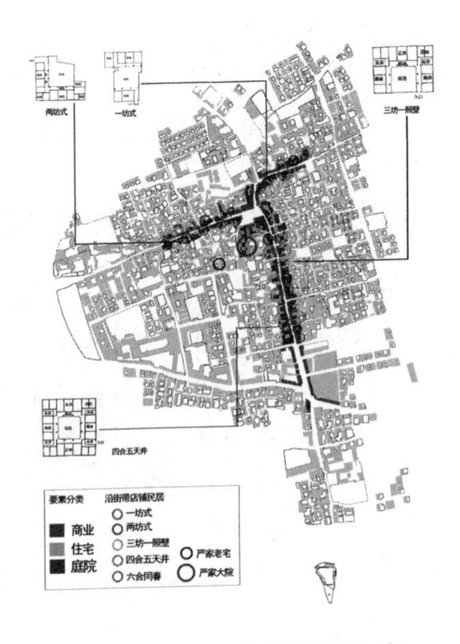

图 12 a-3）一级结构上沿街带店铺居民分布

图 12 b-1）二级结构商业与住宅分布

图 12 b-2）二级结构主要街巷沿街纯住宅形制关系

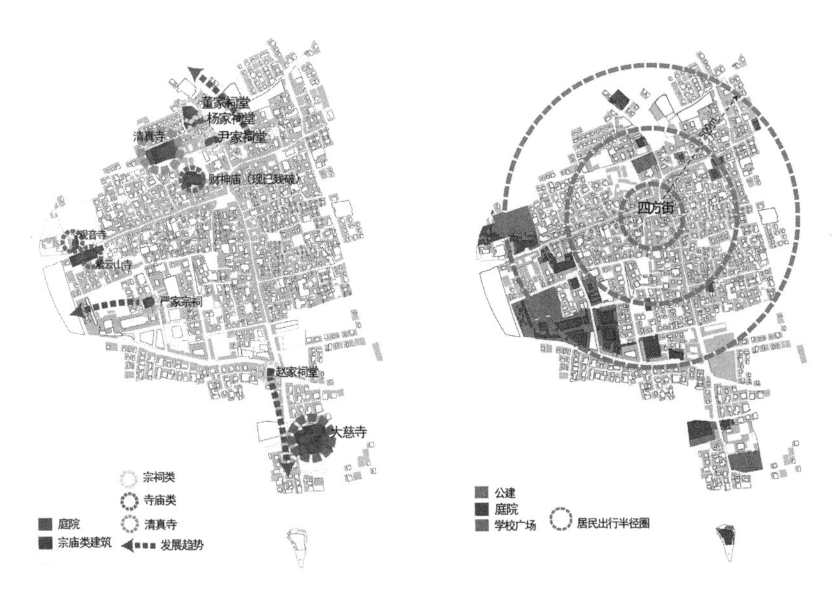

图 12 b-3）二级结构的宗庙类建筑分布

图 12 c-1）三级结构的公共建筑分布

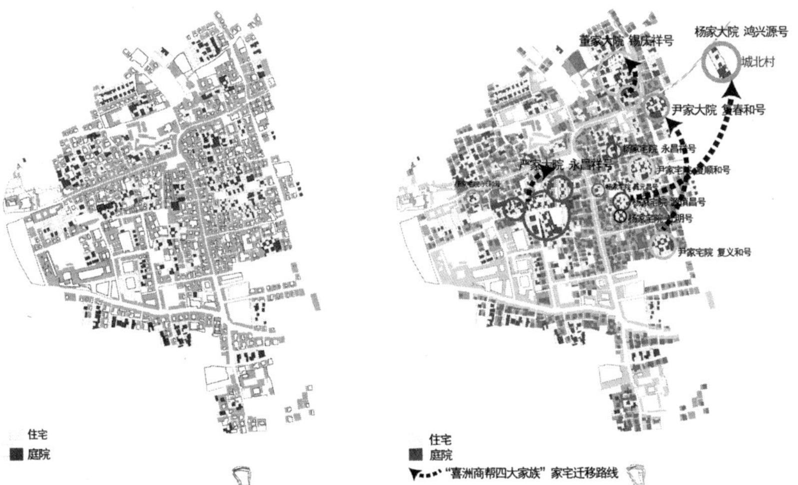

图 12 c-2）三级结构与空间要素分布关系

图 12 c-3）三级结构住宅与喜洲商帮“商号”关系

图 12 a）~ c） 喜洲街巷网络三级空间结构与建筑各要素分布关系

喜洲街巷网络三级空间结构与建筑功能类型、布局特征关系分析　　表5

结构等级	一级结构（整体平均拓扑步数为1~3步）			二级结构（整体平均拓扑步数为3~6步）			三级结构（整体平均拓扑步数为6~11步）		
建筑要素	数量（占总数量百分比）	与一级结构的关系	布局特征	数量	与二级结构的关系	布局特征	数量	与三级结构的关系	布局特征
商业	50%	可达性效率最高、空间性能最活跃、最能吸引人气	呈集中式的里坊制、长街巷线性布局模式	50%	沿着可达性效率良的长街巷空间结构上紧密布置	以集中式的里坊制长短街巷结合的布局模式	0	—	
住宅	1个（严家大院）	向着可达性效率高的空间结构优势上发展	呈单一元素布局模式	60%	沿着可达性效率良的中、短街巷空间结构上布置	以集中的组群式布局模式，沿主街高坊制居多	40%	处在可达性效率差，偏离主体，处于孤立、分离的离散空间结构上	具有自成一体的离散式布局模式［喜洲四大家族的大宅，都是以向空间优势（即公共空间）可达性效率高的地方去发展的分散式布局模式］
宗庙	20%（三个本主庙）	在空间结构中可达性效率最高的趋势上、便捷度最强、空间性能最活跃，最能吸引人气	以分管各自的本主社区的覆盖率为前提的分散式布局模式	80%	处于可达性效率良且空间性能一般，（宗祠）离整体中心结构较远的边缘化的空间上/（寺庙）沿着可达性效率良的长街巷空间结构上紧密布置	以具有一定的覆盖率为前提的分散式布局模式	0	—	
公共建筑	5%（市场）	可达性效率最高、空间性能最活跃、最能吸引人气	呈单一元素布局模式	95%	处于可达性效率良且空间性能一般	以居民出行半径为前提的集中分散相结合的布局模式	0		

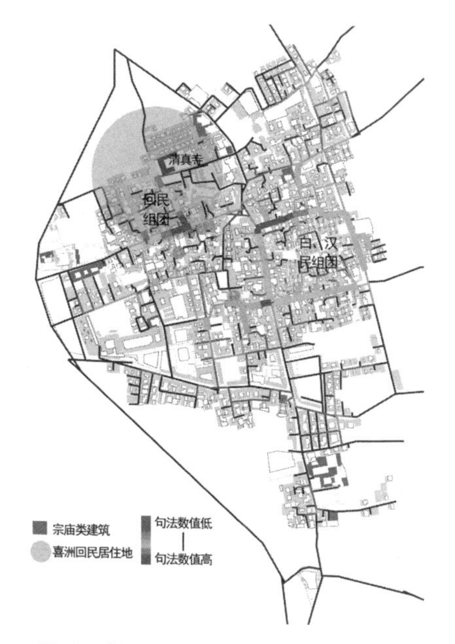

图 13　喜洲宗庙类建筑与街巷网络空间结构关系

住组团更加集中，达到土地利用和居民出行效率的最大化。三级结构上的住宅被二级主体结构不断排挤，形成边缘化自成一体的离散型结构。同时，社会经济因素对空间组构具有重要的影响，随着经济因素的增长，三级离散结构的住宅会向着以空间优势（即公共空间）可达性效率高的一级、二级结构上去发展。

如图13所示，根据空间句法中将居住的密度系数和聚落的整体空间结构叠加在一起进行句法计算，来分析宗庙类建筑的分布与聚落的整体空间结构关系。两个邻里尺度上相近的组团形成了两个不同文化与民族居住的组团中心，会发现社会的组织结构在空间结构上的呈现，两个组团的基本形态是一样的，当地的回民从生活习惯、建筑的风格特点已经和汉、白族两族没有区别，除了清真寺这个标志性的建筑符号保留以外。但是能在同一村落整体结构中能鲜明地呈现出两个组团中心的原因是，两个不同的组团其社会的组织方式在空间结构上的反映不同，它可能不是一种外在形式的反映，如街道的记忆等，而是体现在结构的组织方式上，抛弃一切表面形式的东西，形成自身的结构特征，在这种邻里结构尺度上的特征是无法抛弃的。不同的习俗可以用相同的空间结构方式去表达，与那些研究城市文化的学者认为不同的文化、不同的社会形式背景是不一样的。但是根据空间句法的空间结构分析，可以看出不同的文化可以采取相同的空间形式去表达，但这种形式可能在具体使用中，因为不同的文化、不同的民族使用空间结构的方式不一样而导致形成不同的组团中心，从而导致形成不同的空间构型。

5. 公共空间形态类型、布局特征与三级空间结构关系

结合图14和表6可知，喜洲聚落的公共空间要素根据功能特征，分布在不同级别的街巷网络空间结构上。四方街的布局特征是占据聚落几何中心地块，其可达性效率优、空间开放度最高；广场空间的布局特征是以离聚落几何中心为一定半径分散式的可达性效率优与良结合；大青树标志性节点空间的布局特征，由于它作为聚落边界的交接处，连接周围其他村落的起始点，所以必然出现在可达性效率高但又是边缘化的结构街巷上，所以在聚落中心

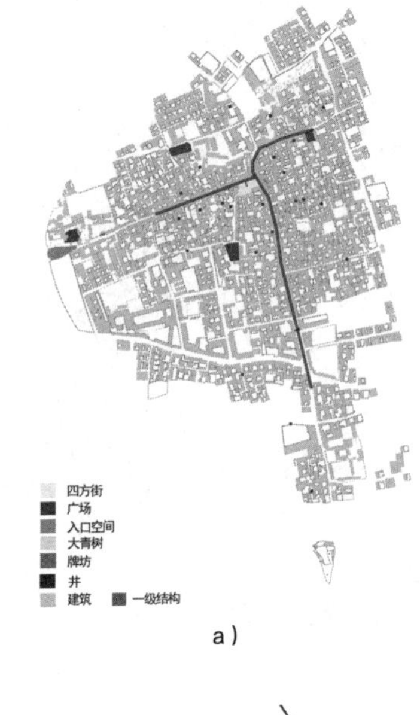

a）

b） c）

图 14 a）~ c） 喜洲街巷网络三级空间结构与聚落公共空间布局关系

喜洲街巷网络三级空间结构与聚落公共空间布局特征分析　表6

<table>
<tr><th></th><th colspan="3">公共空间</th><th>一级结构上其数量</th><th>二级结构上其数量</th><th>三级结构上其数量</th><th>布局特征</th></tr>
<tr><td rowspan="6">类型分类</td><td colspan="2" rowspan="2">广场空间</td><td>四方街</td><td>1</td><td>0</td><td>0</td><td>布局在整体结构几何中心且是以一级结构可达性效率最优的空间上</td></tr>
<tr><td>广场空间</td><td>1</td><td>3</td><td>0</td><td>布局在离村落几何中心为一定半径且是在可达性效率优良结合的分散式空间上</td></tr>
<tr><td rowspan="4">节点空间</td><td>入口节点空间</td><td>入口</td><td>0</td><td>1</td><td>0</td><td>布局在可达性效率优的一级结构空间趋势上</td></tr>
<tr><td rowspan="2">标志性节点空间</td><td>大青树</td><td>0</td><td>3</td><td>0</td><td>布局在分散式边缘化且可达性效率良的二级结构空间上</td></tr>
<tr><td>牌坊</td><td>3</td><td>1</td><td>0</td><td>布局在可达性效率优为主且是一级结构分散式空间上</td></tr>
<tr><td>生活性节点空间</td><td>井</td><td>3</td><td>17</td><td>7</td><td>布局在集中与分散相结合且是可达性效率全覆盖式空间上</td></tr>
</table>

以分散式边缘化可达性效率良的布局模式；牌坊标志性节点空间的布局特征，是以可达性效率优为主的分散式布局模式；井台生活式节点空间的布局特征，是以居民出行半径为前提的集中与分散相结合的可达性效率全覆盖的布局模式。

总结得出聚落的公共空间基本上布置在可达性效率优、良以上的一级和二级结构网络空间上，但依据要素的功能特性不同，对应着可达性效率和空间开放度不同分布方式。

6. 整体的结构性保护策略与三级空间结构关系

综上所述我们提出“整体的结构性保护策略”，对于自组织、自生长的喜洲聚落而言，它具有独特的街巷网络结构肌理。我们需要以“结构性保护策略”为前提，从聚落的整体发展出发，尊重民居传统的生活方式与发展需求，真实体现当地民族的生活风貌，合理调整聚落的整体布局与规划结构，体现保护策略的“结构完整性”与“真实性”。

（1）“结构完整性”：首先体现在对喜洲聚落“苍—城—洱”整体空间格局的保护，其次是对聚落的“整体街网—群体组合—单体建筑”空间体系的保护，再次就是街巷空间结构、形态、尺度以及立面的风貌、色彩材料与细部构件等的保护。

（2）“真实性”：指喜洲是“水—陆交通线”枢纽上的重要古镇，以“喜洲商帮”名扬天下，应保留并发展喜洲聚落独有的“商帮文化”，应保护好原有的、真实的历史遗存。保护历史建筑风貌和相关环境的原真性，对文物保护单位和有价值的历史建（构）筑物实施重点保护，保护历史遗存的原真性；保护历史环境的整体性，保护历史信息的过程性。修复历史建筑和历史环境，应建立在严谨调查研究的基础上进行适度修复，避免过度、过量而丧失其中的历史信息。

基于以上两点保护策略，通过本文对喜洲聚落的空间结构与其类型的研究分析，提出在一级街网结构空间上，我们需要保护的是最有活力的以四方街为核心发散的传统历史主街巷，保护其传统街巷走向、宽度、两侧建筑高度等空间尺度，反对道路修整宽度一刀切、位置走直线的做法，应按照原有的路面宽度、位置进行维修；以及主街巷上的公共空间如四方街广场、牌坊和本主庙，力求充分保护。在二级街网结构空间上，我们需要保护的是传统街巷体系的完整性和连续性，不应改变传统街巷格局和阻断传统街巷的步行交通，局部损坏应按原样修复；以及街网空间上的公共空间如古树、古井和宗祠等。在三级街网结构空间上，我们需要保护的是历史遗留下来的老宅院。维修应坚持“原址、原貌、原物”的原则，在文物保护部门及相关专家的指导下有依据、有步骤地实施，保护与整治的具体技术措施必须在确保原真性的前提下进行。维修整治尽可能地使用地方材料，要求尽可能按旧时工艺进行加工。修复历史建筑和历史环境，应建立在严谨调查研究的基础上进行适度修复，避免过度、过量而丧失其中的历史信息。

7. 总结

本文将空间句法的理论在喜洲聚落空间研究中进行尝试应用和实验分析，提出了以标准化空间句法NACH数值的性能指标（即可达性效率）为基础的空间深度研究模型，将街巷分成三级空间结构系统，即：一级骨架结构（1～3拓扑深度）和二级主体结构（3～6拓扑深度）以及三级离散结构（6～11拓扑深度），解决了聚落空间结构性描述的可能性；并针对传统聚落的街巷形态和建筑的功能分布建立起一个客观的分析路径，从而对建筑的公共性问题的理解有了较为清晰的解释；以及为传统村落的保护原则和方法以及可持续发展的策略提供了一种较为客观的理论依据。

从规划实践和保护的角度而言，这有助于我们理解聚落街网空间结构背后的空间逻辑规律，对指导规划和保护聚落形态与各要素功能之间的互动和引导具有现实性的意义。

图片及表格来源：

本文所有图表均为作者绘制。

注释：

①指的是大理——迪庆州段。

②在文中采用空间句法Depthmap软件用于研究，其主要理论依据和建模思路为：将聚落网络的拓扑关系作为考量基础，将人的视线以及“轴线”形式从聚落的空间体系中抽象出

来，通过多个变量对空间进行量化分析，从不同的尺度（整体与局部）来描述某一特定空间与系统内其他空间的连接和作用关系。

③NACH=log（CH+1）/log（TD+3）（CH：T1024Choice_r;TD：T1024TotalDepth_r；NC：T1024NodCount_r）。该数值的大小表示其性能指标的高低，即可达性效率的高低。NACH值越高，表示可达性的效率越高，反之亦然。它和整合度（Integration）数值相比，都表示街巷网络可达性的高低，但NACH在“效率”表达上会更加合理。

④⑤⑥［美］爱德华·霍尔著．隐匿的尺度［M］．Random House Trade Paperbacks，2003．书中定义了社交的距离，分布为：亲密距离（约45厘米）、个人距离（约0.45～1.2米）、社会距离（约1.2～3.65米）和公共距离（约3.65米）。公共距离指用于单向交流的表演或演讲的距离，这个“距离”对于旁观者来说是“安全”的。他们可以自由地选择走近表演者形成社会关系。

参考文献：

［1］［英］斯蒂芬·马歇尔著．街道与形态［M］．苑思楠，译，北京：中国建筑工业出版社，2011．

［2］［美］爱德华·霍尔著．隐匿的尺度［M］．Random House Trade Paperbacks，2003．

［3］张勇强，段进．空间研究2：城市空间发展自组织与城市规划［M］．南京：东南大学出版社，2006．

［4］梁永嘉．地域的等级——一个大理村镇的仪式与文化［M］．北京：社会科学文献出版社，2005．

［5］王浩锋．社会功能和空间的动态关系与徽州传统村落的形态演变［J］．建筑师．2008（2）：23-30．

［6］刘裕荣．大理喜洲村白族民居研究［D］．重庆：重庆大学，2006．

［7］宋爽．中国传统聚落街道网络空间形态特征与空间认知研究以西递为例［D］．天津：天津大学，2013．

［8］王骥．“茶马古道”滇藏线大迪段沿线聚落空间关系研究［D］．昆明：云南大学，2014．

大理喜洲传统民居营造技术演变初探

朱墨　饶小军

摘要： 本文研究云南大理坝子的传统民居的墙体营造类型及其演变历程。通过对大理喜洲民居测绘资料的整理，结合实地采访调研和文献考察分析，忠于实物史料的收集和记录，尝试对历史的史料再解释和历史图像的再分析。基于营造技术的逻辑发展脉络，以大木架为线索，按照材料技术发展的逻辑和文化传播影响的时序，从一个侧面勾勒出大理尤其是喜洲地区传统民居营造技术的演变规律历程。

关键词： 大理喜洲传统民居；墙体营造；砌筑；覆层；材料置换

1. 大理传统民居的建造逻辑

本文基于建筑学本体的营造要素，通过建筑实例的踏勘与佐证，考察大理尤其是喜洲地区传统民居住宅类型及其各自在构架形制、砌筑材料、工法与表达性处理等方面所显现的特点、成因与意涵；继而考察近期类型，论述其是如何通过形制类比与材料置换从前基本类型的原型中融合演变而出。

2. 大理传统民居的演变史略

2.1 早期类型

已知汉文献中最早对大理地区居住族群的记载是司马迁《史记·西南夷列传》中的“滇”与“昆明”。前者定居耕作，已是有君长的君主制酋邦；后者“随畜迁徙，毋常处，毋君长，地方可数千里”，仍施行部族共和制度。这种二元分化由来已久，在本文中还将多次提及。

2.1.1 族群更迭

大约1.2万年前维尔姆冰河期结束，随着东亚大陆气候暖化，原始藏缅族群的黄种人从东南亚向北迁徙，一路经云南、巴蜀到达黄河上中游地区，与约6万年前就已到达的原住棕种人（氐）融和成原始汉藏族群（羌）。途中的大理、剑川一带当时仍是湖泊，苍山的新石器时代遗迹便多散布在山坡上有溪流经过的缓坡台地上，数个台地之间高低相望且互不相连，呈地势越高时代越早的规律分布（吴金鼎《云南苍洱境考古报告》）。现在人口聚集最多的平坝地带，当时却因排水困难、洪水频繁，是不适于居住的瘴疠之地。而半山台地既无洪水，也无蚊虫疾疫，故为宜居地带。7000～5000年前，随着小冰河期的到来，山顶逐渐出现冰封，坝区水平面逐渐下降，居民遂从高地迁入低地。而同时期的黄河上游土地逐渐干冷化，氐羌族群开始分化，逐批向东、向南迁徙。南迁的支系，经巴蜀到云南，带来了内亚（“内亚”指的是从北印度到阿尔泰地区的草原文明区域）的先进技术，提升了西南地区社会的组织度，居民得以把坝区的沼地排干变成肥沃的耕地，稻作渔猎。从同期考古遗迹中的陶器纹样、居住模式便可看出黄河上游氐羌文化的影响。

2.1.2 考古遗存

大理地区最早进入青铜时代的节点，在剑湖区域以剑川海门口遗址第二期（距今3800～3200年）为代表，在洱海区域以大理海东银梭岛遗址第二期（距今3500～3100年）为代表。从青铜文化角度看，西南夷整体属于蜀青铜文化圈范围之内。通过由僰（今四川宜宾）始发的五尺道，古蜀国与西南夷互相连通。蜀地三星堆文化与海门口和银梭岛青铜器时期相当，其青铜祭祀人物序列中就出现有西南夷君长像。

洱海地区的青铜文化可分为两类，一种是土坑墓的锄耕文化，另一种是石棺葬的游牧经济体。前者是与滇的锄耕文化连为一体的土著类型，遗迹中多见青铜稻作农具；后者是从新石器时代晚期便到达本地的具有北方游牧经济特性的氐羌类型，实行石棺二次葬俗，多随葬青铜三叉格剑，其分布远至川西。这种区别类似于之后“汉与羌”“生与熟”之分，事实上族群人种是相近的，只是分化出定居农耕与贸易游牧的不同经济形态，两者互相依存。游牧贸易的特性使其兼具与更大范围土著族群的相互渗透，推进了技术的传播，同时兼具攻击性，即为之后汉所称“昆明之属”的部族联合体。此时的居住遗迹，在海门口发现了滨水干阑式建筑的木桩及带卯口的横木，还发现有建筑垮塌后从楼上散落的火塘用石。这种滨水干阑式逐渐形成纳西族群的大房子类居住形式，其影响范围最终向北退出了大理地区。而银梭岛发现了地面式建筑的走廊基槽、柱洞和硬地面，分为青灰色板结基层和红烧土硬质面层，此外也有木桩和火塘［见图1 a)］。

大理银桥磻曲遗址B区属海门口和银梭岛第二期之后的青铜文化堆积。从出土石器中丰富的非本地石材制作的渔猎工具可知，其族群仍以渔猎经济为主。发掘的13处石砌房址多为长方形，少部分有门道，多数房址的居住面未经垫土夯筑，直接修整齐平成形。其中的26号房址平面近方形，边长3.5米左右，东南开有宽约0.9m的门道，房屋中心立柱，柱坑垫有块石，地面平整。磻曲的房址与居住面连续垒叠，聚落的延续时间较长。

直到距今2600～2000年的春秋至西汉时期。此时适逢中原文化阑入前夜，洱海区域及西南夷其他各地的青铜文化遗存显现出丰富多样的面貌。最值得注意的是，大理银梭岛第四期（距今2900～2400年）遗迹中出现的夹泥包心砌的石墙［见图1 b)，c)］，用天然大石块砌两侧，之间的空隙用小石块填补，再填以黄土加固。

这种普遍做法在此后数十世纪还将持续发展与延续，然而始见于文字史料已在唐代，描绘南诏旧都太和城，“夷语以坡陀为和，和在城中，故谓之太和［(元)郭松年《大理纪行》］”，“巷陌皆垒石为之，高丈余，连延数里不断［(唐)樊绰《蛮书》卷五·六睑］”。而今磻曲所在地就是南诏中期修建的三阳城北界，其民居至今仍以石砌土库房为主。

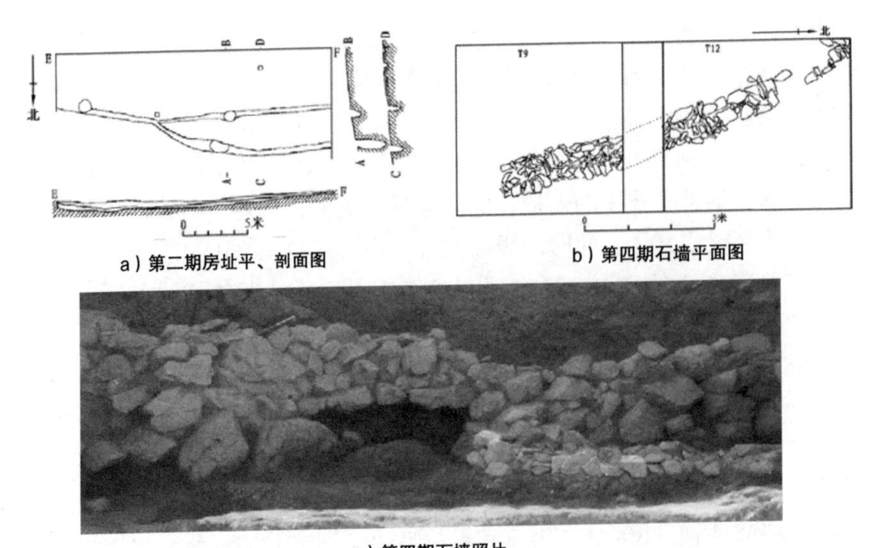

a）第二期房址平、剖面图

b）第四期石墙平面图

c）第四期石墙照片

图 1　大理海东银梭岛遗址

2.2　汉式阑人

首先要明确的是大理坝子作为云南长期的畿辅重地，在文明链条上的位置。如果说外伊朗、北印度曾是希腊文明的东缘，也是汉武帝通西域的目的地（即大夏），那么文明路径即从河西到中原，又经过蜀地最终才到达云南西段的大理。端缘的地位使大理地区在从蜀文化圈划入东亚中原王朝的羁縻时，尚能若即若离，直到突破集权机制瓶颈的洪武体制到来，才彻底失去文化自主。其次就是对聚居族群经济模式的生熟、文野之分，以及后期出现的第三种模式叠加其上，即密佛的教团组织，以及儒教官本位的世俗人文主义。假如从元初汉地旅人的视角对大理坝区做一番考察，我们当得出如下看法："白人，有姓氏。汉武帝开僰道，通西南夷道，故大理皆僰人，今转为白人矣"[（元）李京《云南志略·诸夷风俗·白人》]。"大理之民，有数十姓，以杨、李、赵、董为名家，自云其先本汉人"[（唐）杜佑《通典》卷一百八十七·松外诸蛮]。"值唐末五季衰乱之世，尝与中国抗衡；宋兴北有大敌，不暇远略，相与使传往来，通与中国。故其居室、楼观、言语、书数，虽不能尽善尽美，略本于汉。自今观之，犹有故国之遗风焉。”［（元）郭松年《大理行记》］可见经历了一段汉化阑入、脱离与夷化、终与唐宋并驾的白人共同体的建构过程，直至元一代，大理地区仍呈现着汉的另一种发展可能性。

2.2.1 汉通西南夷道、设叶榆县

农业技术突破导致黄河上游氐羌的人口扩张，后又因土地干冷化，致使部分人口向东迁徙，历经前后几波到达黄河中下游地区，即为原始汉族。夏、商、周三代时期，中原是族群替换率极高的区域。殷周之际，中原的各群体的主食基本上仍是依赖生产效率很低的粟，它产生出的种子蛋白质含量较低。而南方从印度恒河流域通过喜马拉雅山脉南麓、缅甸、西南夷、巴蜀，传来了粳稻这种旱稻的稻种。海门口出土了粟标本，可看出其黄河流域的氐羌来源，而出土的同时期粳稻则提供了旱稻传播路径的证据。稻作地区生活更富裕，墓葬中间物质也更为丰富，与之相较，中原的物质产出与丰富程度就比较低，但在军事和政治组织方面，以及族群间战斗的激烈程度方面，中原则远高于南方。这种人口和资源汲取能力单方面过于强大产生了对南方族群的持续压力。中原地区在西周和春秋时期转向和平积累，却经战国至秦汉，逐渐消耗于军国与官僚体系的过度发育。后汉初期，中原地区的墓葬和日常生活更加依赖外来文化，已渐渐被外伊朗、北印度即西域引进的体系所替代。而文化阑入的直接路线可分三个方面：秦始皇开岭外，通南海之交通；张骞出使大夏，通西域之交通；西南方向，上述经蜀通往印度的民间贸易路径早已存在［《汉书·西南夷传》：“汉武帝元狩元年（公元前122年），张骞出使大夏归来，言使大夏时，见蜀布、邛竹杖，问所从来，曰从东南身毒国，可数千里，得蜀贾人市。或闻邛西可两千里，有身毒（北印度）国，骞因盛言大夏在汉西南，慕中国，患匈奴隔其道，谋通蜀身毒国，道便近又亡害。”］，然而公元前120年，汉武帝派张骞自蜀至夜郎，谋通印度，却为昆明夷所阻，不能通。成文史上首次记载的“昆明”这个部族，在考古学上同洱海青铜文化区的游牧族群相对应。当时嶲、昆明的部落联盟与滇人酋邦之间素有冲突，前者编发辫，以游牧为主，后者发式为椎髻，定居农耕（《史记·西南夷列传》：“西南夷君长以什数，夜郎最大；其西靡莫之属以什数，滇最大；自滇以北君长以

什数，邛都最大：此皆魋结，耕田，有邑聚……嶲、昆明，皆编发，随畜迁徙，毋常处，毋君长，地方可数千里。”)，滇国墓葬中的青铜雕刻也有形象的印证。《史记·索隐》中注昆明池，有“武帝欲讨昆明，以昆明有滇池(即今洱海)方三百里”，于是在长安西南作昆明池，“……周回四十里，以习水战”。据《后汉书·西南夷传》，元封二年(公元前109年)汉武帝发巴蜀兵破滇，授滇王印，置益州郡，自此联合滇人对昆明作战。元封六年，命拔胡将军郭昌再攻昆明部落，结果出兵无功夺印。后数年，又持续对昆明用兵，终“并昆明地”，自此在大理地区设叶榆(即洱海坝区)、云南、邪龙、比苏、嶲唐、不韦六县，属益州郡，纳入版图。以后的继任者，以平定昆明为汉武帝的赫赫武功[9]。王莽新朝时益州反叛。及至后汉，公元69年，军政势力始达滇西边隅，增设哀牢、博南二县，合置为永昌郡。其时威震缅甸，乃得与印度直接交往，有关印度的知识，也有部分自此输入。

2.2.2 汉砖室墓与陶楼

汉武帝“通西南夷道……乃募豪民田南夷，入粟县官”，“汉乃募徒死罪及奸豪实之”。此时中原王朝对洱海地区的移民实边与文化融合，在考古上反映在滇青铜文化原有类型的消失，继之以沿蜀身毒道分布、向北一直连通四川南部的汉晋“梁堆”砖室墓葬习俗。大理下关城北东汉纪年墓［见图2 a)］与大理大展屯二号汉墓［见图2 b)］的清晰遗迹，完整展现汉砖室墓的制砖技术已经传入，并通过随葬陶楼间接佐证了阳宅形制的阑入。下关城北东汉纪年墓墓壁砖为尺寸40厘米×20厘米×7厘米的青砖，平卧错缝顺砌，层间垫黑胶泥；铺地砖横卧错缝平砌，铺法两行一组，纹面与素面同类相对，下垫黄沙；券顶有长条楔形砖，模印“熹平年(公元172年)十二月造”。大理大展屯二号汉墓墓壁砖尺寸为39厘米×18厘米×5.5厘米，两道错缝顺砌砖墙封门之外还有卵石封堵；铺地砖采用条砖斜墁；券顶的砌法为，从1.5m的墓壁起用楔形条砖错缝顺砌两层，然后用梯形砖立砌，上部用楔形条砖错缝卧砌两层，最后用楔形子母砖立砌封顶［(见图2 b)中所示的拱券残余中可见］。砖券技术之后，最迟到元代才在大理民居的门楼上得以重视。大理汉墓出土的陶楼可以算作本文将重檐出厦式民居的出现推到汉代的实物依据。

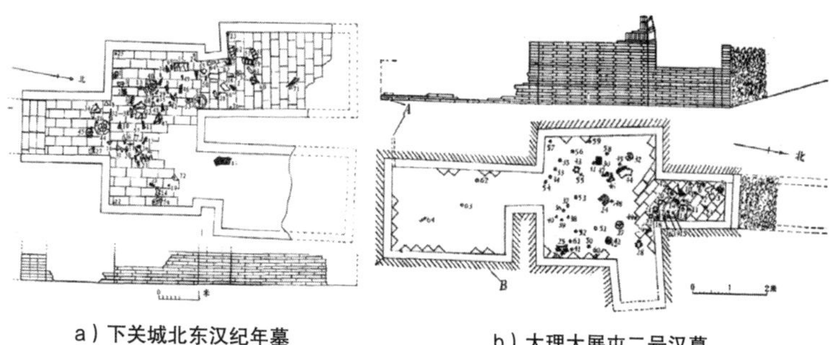

a）下关城北东汉纪年墓　b）大理大展屯二号汉墓

图 2　大理梁堆砖室墓遗存

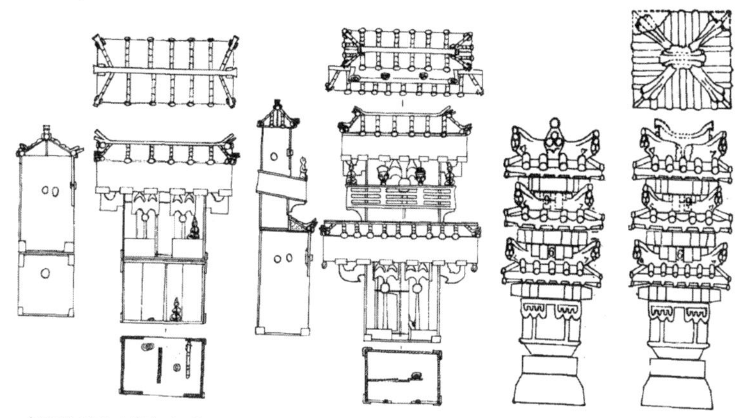

a）下关城北东汉纪年墓陶楼　b）下关城北东汉纪年墓陶楼　c）大展屯二号汉墓陶楼侧面　d）大展屯二号汉墓陶楼正面

图 3　大理汉砖室墓陶楼

陶楼Ⅰ型［图3 a）］仍是双破悬山瓦顶的单檐两层楼，而Ⅱ型［图3 b）］已是重檐庑殿顶两层楼阁，下部披檐（厦子）占去楼层进深近一半，楼层挑出外廊于披檐之上，呈三方式回廊，正面作四望柱卧棂栏，有陶俑登临远望，服饰与中原同期墓葬相一致。重檐出厦式大理民居的主要特征可追溯至此无疑。此外，尚有规制更高的庑殿顶三重檐方形楼阁立于水田模型一畔，与王莽新朝时，益州太守文齐利用内地水田技术组织大规模垦田实边以求自立（《后汉书·西南夷传》王莽政乱，以文齐为（益州）太守：造起波池，开通灌溉，垦田二千余顷；《华阳国志·先贤士女总赞》：迁益州太守，开造稻田，民咸赖之）相印证。民居形制从更高规制的建筑中逐渐吸收发展，这样的过程尚要再经过千百年的动荡。

2.2.3 “汉与夷”的多元一体

2.2.3.1 南中：汉人夷化（生）

秦并巴蜀、汉武帝破昆明夷，大理纳入郡县制下成为大一统帝国的边陲，地方的对外交流由官方汉使替代了巴蜀商贾。后汉明帝通过西边哀牢国从中天竺引入小乘佛教，蜀身毒道显露功劳，然而“印度”从未有过大一统带来的交通庇护，这条路线也终被南海商道取代。三国蜀汉时西南夷地称南中地区，大理所在叶榆县被划入析设的云南郡。郡县体制下，部分滇东僰人和汉姓通过僰道迁居洱海区域，与平坝地区稻作的滇人融合成洱河蛮。由于经济相近，前者带来的组织技术更易渗入后者而提升坝区的经营能力。然而平坝没有足够的战略纵深，难以持久对抗相对异质的山地游牧昆明蛮部族（这一点比安南的情况更甚），魏晋以后汉地政权更已无力掌控西南地区，此后500年大理地区是下方平坝的农耕与上方山麓的游牧两类经济模式的族群在立体地貌内的共存时期。现今从大理坝子居民的日常认知中，如喜洲“市上街”“上坡头”“寺上”与“寺下”等所有涉及上下的地名称谓，甚至古地图的绘制方式上，仍旧通行苍山为上、洱海为下的空间观念。两晋时有所谓的“上方夷”和“下方夷”，隋时称“生蛮”和“熟蛮”，整体组成南中地区多元一体的混合族群。丰富的地貌包容了不同经济族群在居住与组织方式上的多样性，在不同时期产生了与中原之间建制上谋求独立、文化技术上依赖输入的特殊关系，遂有“松外诸蛮暂降复叛”。(《资治通鉴》卷一百九十九·唐纪十五：初，州都督刘伯英上言：“松外诸蛮暂降复叛，请出师讨之，以通西洱、天竺之道。”松外诸蛮是白蛮族类的泛称，地区北自松外城（今四川盐边），南至洱海的说法。隋初南中归属中央后，又被土豪爨氏夺权独立，分为东爨乌蛮与西爨白蛮：乌蛮承续自昆明蛮游牧族群，“以西洱河为境……土歊湿，宜粳稻，人辫首、左衽，与突厥同。随水草畜牧，夏处高山，冬入深谷（《新唐书·南蛮传·昆明蛮》)。又见（唐）杜佑《通典·卷一百八十七·昆弥国》：“昆弥国，一曰昆明，西南夷也，在爨之西，西洱河为界，即叶榆河。其俗与突厥略同。相传云与匈奴本是兄弟国也……贞观十九年四月，右武侯将军梁建方讨蛮，降其部落七十二，户十万九千三百。”白蛮即河蛮，指定居在平坝地带的农耕族群。《通典》记载了公元648年（唐贞观二十二年）梁建方发巴蜀兵讨包括昆明的松外诸蛮时，洱海地区的河蛮“有数十姓，以杨、李、赵、董为名家，自云其先本汉人。语言虽小讹舛，大略与中夏同。有文字，颇解阴阳历数……其土有稻、麦、粟、豆，种获与中夏同［（唐）杜佑《通典・卷一百八十七・松外诸蛮》］。又见（唐）樊绰《蛮书・卷四・名类》：河蛮，本西洱河人，今呼为河蛮。故城当六诏皆在，而河蛮自固洱河城邑……及南诏蒙归义攻拔大（和）城，河蛮遂进迁化。迁化即应变而亡，洱河白蛮贵胄被进据的南诏乌蛮王族逐出权利核心，直到白蛮段氏掌权。今大理白族的姓氏经千百年仍与此记载相符。当追溯大理坝区早期族群的居住原型时，不可避免这种汉本位的“生与熟”“文与野”“乌与白”的粗略划分。这并非血缘上的实质区隔，而是中央王朝以自身为镜鉴，对东亚文明链末端的“边缘”地带的社会化建构：下方平坝耕作粳稻的“熟蛮”属于大姓封建制度，汉化较深，而上方山麓游牧贸易的“生蛮”属于依靠习惯法统治的部落团体。两者之间的关系不仅是空间上的立体分布，还有时间上的交错，上方夷“随水草畜牧，夏处高山，冬入深谷”，循环为平坝提供新鲜的血液，两者之间的产权契约互相渗透错综复杂，这种多元一体的格局在南诏的乌蛮—白蛮共同体下达到顶峰。

2.2.3.2 南诏：夷人汉化（熟）

为设置与吐蕃之间的羁縻内属国作为缓冲，唐扶持尚武的“乌蛮”（《旧唐书・西南蛮》：“南诏蛮，本乌蛮之别种也，姓蒙氏。蛮谓王为诏。”）占西洱河。乌蛮南诏“逐河蛮，夺据大和城”，兼并白蛮五诏，灭爨氏，扩张形成南诏政权。自此南诏游走于唐与吐蕃之间，借地缘优势而坐大，终对唐构成边患。南诏占据的河蛮旧都“太和城……巷陌皆垒石为之，高丈余，连延数里不断”［（唐）樊绰《蛮书・卷五・六睑》］，印证了洱河白蛮用石的营造传统，至今太和城石基夯土城墙遗址犹存，然而石砌的太和城很快就被深受中原影响、主动沿袭唐地方组织制度的南诏弃为旧都。南诏出于主动亲和汉地文化的国策，立国不久就在太和城北十五里兴建汉式新都阳苴咩城，历时二十余年才告完工。唐人樊绰在汇编南诏情报的《云南志》（又名《蛮书》）中，对南诏都城衙署宅院有记录：“阳苴咩城，南诏大衙门，上重楼，左右又有阶道，高二丈余。甃以青石为磴。楼前方二三里，南北城门相对。太和往来通衢也。从楼下门行三百步至第二重门，门……屋五间，两行门楼相对，各有榜，并清平官、大军将、六曹长宅也。入第二重门，行二百余步，至第三重门。门列戟，上有重楼。入门是屏墙，又行一百余步至大厅，阶高丈余。重屋制如蛛网，架空无柱。两边皆有门楼，下临清池。大厅后小厅，小厅后即南诏宅也。客馆在门楼外东南二里。馆前有亭，亭临方池，周回七里，水深数丈，鱼鳖悉有”[（唐）樊绰《蛮书·卷五·六睑》。] 从描述中可看出南诏主动采纳了汉式的居住形态：自东向西倚苍山逐级抬升，大衙门前是南北通衢，南通旧都太和城，上有重檐门楼，往上入第二重门南北是文官武将宅邸，再上入第三重门有屏墙如照壁，后为重檐架空无柱的大厅，下临清池，绕过两边门楼后是小厅，最后是王的邸宅。重楼、重院、照壁、背山面海等重檐出厦式合院的特性已历历在目。此时也有对喜洲地方的描述，当时称“大厘城，南去阳苴咩城四十里，北去龙口城二十五里，邑居人户尤众盛，”并在“东南十余里有舍利水城，在洱河中流岛上。四面……临水，夏月最清凉，南诏常于此城避暑”，即后日龙湖与洱海之间的沙村、河矣城一带，民国时期还在此间修有“海心亭”与“鉴湖楼”。南诏时的民居，“凡人家所居，皆依傍四山，上栋下宇，悉与汉同，惟东西南北，不取周正耳。别置仓舍，有栏槛，脚高数丈，云避田鼠也，上阁如车盖状。”南诏为弥合内部经济、文化差异，主动推行乌蛮的白蛮化即汉化，通言接近汉语的白语，行汉地形式的土葬，南诏“一尺，汉一尺三寸也，一千六百尺为一里。”当时洱海区域的稻作、牧马、冶炼较为发达，“唐太和中，蒙氏取邛、戎、嶲三州，遂入成都，掠子女工技数万人南归，云南有纂组文绣自此始”[（元）李京《云南志略·诸夷风俗·白人》]。如此主动的技术引进使得南诏水准几近中国。与此同时，另一种影响更为深远的组织模式也一并入诏，那就是密佛的教团组织。

2.2.4 教团组织与段氏大理

南诏时期，汉地的唐密开始由蜀流入，教俗推崇佛教密宗的阿利僧派，延续了自汉末至中唐、从西北到中原持续扩张的外伊朗、北印度佛国的影响。此一时期的遗存，既有剑川石宝山石窟为代表的石雕刻，也有众多砖石佛塔。“此邦之人，西去天竺为近，其俗多尚浮屠法，家无贫富皆有佛堂……沿山寺宇极多，不可殚纪……中峰之北有崇圣寺，中有三塔，一大二小，大者高二百余尺，凡十六级，样制精巧，即唐遣大匠恭韬、徽义所造。塔成，韬、义乃归。”[（元）郭松年《大理行记》] 1976年清理崇圣寺主塔时，在塔顶发现的唐代8世纪风格观音造像，佐证了唐匠修造的顺承关系。

南诏后期改国号大封民国，“封”古音“帮”，“封民”即“白民”。早期“乌蛮”以尚武立南诏，教团组织却造成武德的瓦解，“使人名利之心俱尽”，被白蛮汉姓段氏取代，仍定都阳苴咩城。段氏大理因袭密佛文治，政教合一，虽仿效宋制开科取士，但选官置吏仍出自戒律精严的“僧道读儒书者”[（清）王崧《南诏野史》]，佛教盛极。即使宋室偏安江南，大理国仍一直亲和宋王朝，积极互市，从元人郭松年的视角即“相与使传往来，通与中国，故其宫室、楼观、言语、书数……虽不能尽善尽美……略本于汉。自今（元初）观之，犹有故国之遗风焉。”这种观感与当今旅者到达前殖民地城市时体会到的衰败感是一致的，所见都是一种按照曾经流行一时的风格建造、准备好要被未来风潮彻底改观、从未想过要遗留下来却就那么停在了某个历史时刻的“故国遗风”。

蒙元虽征服大理，削降至云南行省大理路，把西南政治中心移至中庆路（昆明），但代价较大，也是基于蒙古在东亚依地方习惯法分治的政策，分封到大理的赛赤典家族仍需靠段氏施行事实统治。元季虽推行设文庙、广儒学的汉化政策，但“童子多读佛书，少读六经……立文庙，蛮自为汉佛”，期间还发生舍利畏的僰僧反元事件，白人望族更趁机巩固了地方的组织机制，终朝无进士记录。

据元人对大理白人上层的记载，其“居屋多为回檐，如殿制”，元以前仍是师僧为主，入元已不再启用师僧为官。较师僧更高的称为得道者，居于寺宇之中，“……戒行精严，日中一食，所诵经律一如中国；所居洒扫清洁，云烟静境，花木禅房，水〔滮〕〔滮〕循堂厨，至其处者，使人名利之心俱尽。”此一时期无论密宗胎藏部、华严宗与禅宗，皆相互渗透杂糅共处，白人上层居所清雅脱俗的禅意历历在目。

同时期回教也随开发银矿的色目人入滇，蒙元施行海禁保护远至内亚的马帮贸易，随之也带来了清真建筑的砌拱与砖饰，使大理汉式合院融入异域元素，表达更趋丰富成熟。在匠作制度上，元人打破了雇佣关系，施行匠籍，这一点也被之后的朱明所继承。

2.3 晚期中和

洪武十六年（公元1383年）沐英平镇云南，杀元梁王降段氏，废阳苴咩城，建今大理府城，因洱海流域曾是段氏故地的核心，所以仅方圆百里便派驻了大理、洱海两个卫的兵力。随卫所屯田的汉人移民以及“与中州同”、重课商税“三十分税一”、开科取士等一系列格式化体制，贯彻了设文庙、广儒学的汉化政策，彻底打破了元朝封建遗存下的色彩斑斓的地方社会。洪武体制的到来灭绝了白人对元代以前的集体记忆，精英阶层先是求诸野俗，重构了九隆传说的祖源认同，重新向白人尚存的古式石造民居追寻本土形制，融合出了早期的倒座式民居。嘉万以后，随着儒教的彻底推行，以大理“三公”为首的知识精英建构了白人的南京祖源说，这种熟稔官方话语体系的自我汉化渗透到民间，直到入清，汉式合院已经遍布坝区，成为中上阶层民居的大宗，也是现存大理传统民居成熟的基础。

2.3.1 明代内属与土著的九隆族裔说

明初大理从相对自治的地位向编户齐民的转变是个很痛苦的过程：以前的历代大理王权收入，除了在土地上对农耕户的稳定征税，还有很大一部分是通过不同的条约与节度地区的势力进行外交协定，这里面的收入不只是税收，还有纷繁的奢侈品、军备物资、情报等。需要的统治技术不只是土地测量，还有处理商业纠纷、不同习惯法之间的司法协调、外交等诸多能力。明代理民的地官系统推行户与户之间的平齐，必然造成整个地方的简单化。由于洪武对大理地区“在官之典册、在野之简编，全付之一烬”[（清）师范《滇系·沐英传》]，元代以前大理历代文字墓铭毁绝，明初白人各氏碑铭上基本只有汉字[《喜洲赵氏族谱》中有汉字记白语的《赵坚碑》]。并且只能将始祖模糊地追认到如南诏时期名臣赵铎等突出的同姓历史人物身上，再往前追溯则只得汲取野传的“九隆”神话。“九隆”的传说糅杂了天竺阿育王、庄蹻入滇以及张氏白国三种不同传说。以元代李京《云南志略》的版本，战国时期楚庄蹻入滇（载自《史记》《汉书》等汉文史籍）后崇信密佛，迁至白崖（洱海流域），张氏白国又肇基于此，传至张乐进求逊位于南诏。这一混杂叙述到了《白古通记》中，阿育王成为人类共祖，白国张氏被认为是阿育王九子后代，而汉人是阿育王三子之后。这种混成的九隆族谱系又有多种版本，将自身追溯到阿育王看似荒谬，屡遭诟病[（清）冯甦《滇考》：诸书自相矛盾……阿育王室，仿佛五帝皆祖轩辕]，却可以理解为失去文字记忆的白人唯有求诸乡野的密佛传说才能强调白汉有别的无奈之举。大理地区明初汉字碑铭之上，自称“九隆族之裔”者多为知识精英，宣称“天竺”“婆罗门族”者多为密僧。这种祖源宣称必然是当时汉人族群迁入刺激之下，“土著”为存续集体身份的刻意建构。本文认为与“源”失求诸野相对应的是白人上层在居所营造上的下意识创制，即将山麓白人的土库房融入汉式合院、倒转而出“倒座式合院”的原型。

2.3.2 嘉万士人的南京祖源建构

这种创制在接下来却遭遇了白人自我汉化的消解。明嘉靖、万历以后，大理地区的科举开始兴盛，进士人数甚至呈现府州县的民籍（白）多于卫籍（汉）的态势。此时期的碑铭从强“习密”转向突出科举成就，对白人身份的确认已十分淡薄。白人知识精英从密佛到取士，再次扭转了整个区域共同体的记忆与身份认同，集中出现了“南京应天府”或“南京上元县”等汉地祖源的叙事转变。我们在喜洲尹氏族谱、严家祠堂、染衣巷杨氏族谱中都发现有来自“南京应天府”的祖源说，更有严氏因祖上来自富春江一带而在20世纪80年代以后将聚居的喜洲“官充”更名为“富春里”。本文以为大理白人共同体的身份扭转，应是一代熟稔官方话语体系的科举士人协力导向所至。这一转变的关键当推大理“三公”：喜洲弘山公杨士云［杨士云（公元1477—公元1554），弘治十七年（1504年）甲子科云南乡试第一名举人，正德十二年（1517年）丁丑科进士。清初为纪念弘山在喜洲大界北建有七尺书楼］、下关雪屏公赵汝濂［赵汝濂（公元1495—公元1569），嘉靖十一年（公元1532年）壬辰科第三甲第一百二十七名进士。今下关龙尾关有明代翰林赵雪屏故宅，此公始建洱海地区众多孔庙、创设洞经乐社。］和大理中谿公李元阳［李元阳（公元1497—公元1580），嘉靖五年（公元1526年）中进士，授翰林院庶吉士，因受排挤而借故赋闲，嘉靖十年复出，后被贬，归隐大理］。三公都有入朝为官后又弃官回乡隐居的经历。李元阳自称祖源"浙江钱塘县"，其为赵汝濂撰写墓志追认其祖为"南京上元人"。杨士云虽自称"出邓川公裔也"，而后人仍追溯其"祖上本姓董，唐朝时由金陵入滇"。对这种祖源叙述改变的观察，清代大理府赵州士人师范描述较为犀利："既奏迁富民以实滇，于是滇之土著皆曰'我来自江南，我来自南京'"。［（清）师范《滇系·沐英传》］三公中李元阳更有"老释方外儒，孔孟区中禅"（《李中谿先生全集·卷二·感遇二首》）这种调和大理教团传统与政统话语体系的公开表述。这种知识精英对汉文化的认同，可以说是大理地区从地方封建到并入帝国集权统治格局之下，整个东亚体系中的一个缩影。然而对精英之下的平民，种种"九隆"的"白国"共祖民间传说仍旧保存了大理坝子白人共同体的血缘边界观念。认同汉化从知识精英向平民上层的传达，至入清仍沿旧俗，作用于弥合白人历史记忆的空白，造成汉源认同的显性符号与"九隆"祖源的隐性符号矛盾并存的特殊现象。这种汉文化共同体的想象，表现在大理汉式合院民居的照壁、围屏、腰带、墙门等部位的彩画装饰上，以及顶棚、门窗的木刻上，最为通俗与普遍的就是使用汉文诗词警句，尤其是姓氏家风的训勉词条。而汉式合院的规整形制也因这种身份转换而趋于固化，普遍流行于大理房产地业的土木营造之中。

2.3.3　清季白人非汉意识的回归

明代户籍分军、民、匠、灶，大理、洱海两卫中既有汉军，也有白人土军（《云南通志·卷六·赋役志》：土军名虽属卫，户在州县），民军之分尚不代表白汉分别。至明末卫所已名存实亡，入清康熙两次裁撤卫所，归并州县，然而屯田与民田的区分仍旧沿袭下来，军家的重赋有所降低，但仍较民赋多一倍，一直持续到清末。白人因与本土化的汉人军家有赋役上的差别，白汉之分始终存在于大理民间。民国时期由商界替换儒士构成了新精英阶层，“五族共和”的大民族建构思想影响之下，白人上层再次意识到自身地方族群的特殊性，然而商界更开阔的视野使得民居的样式不再局限于本土可资利用的语汇，更多外来材料与工法造成了宅院的多样呈现。这其中既有雇佣上海、昆明工匠修造的洋楼、新派的走马楼，也有求诸本土表达的晚期倒座式合院。

2.4 尾声：民国喜洲商帮勃兴

至清初仍沿旧制，置云南行省，大理属迤西道。公元1737年，清廷在滇西北施行革税利商，贸易才自此复兴。可以说这段时期为大理地区打下了很浓厚的内地文化烙印，官式建筑对民居形式的渗透构建了此后营造范式演变的基调。大理地区居住文化的一体多元中，回民有其特殊地位，这一影响从元季贯穿至今。有明一代，除唐、元既已驻居大理路的色目人军吏，内地回民也大量移居云南，构成云南马帮的主力。1856年，杜文秀建立的滇西大理回民政权更是依赖蒙化（巍山）回民马帮扩大边境贸易才得以维持18年之久，然而当时白汉等非穆斯林因避兵难多有迁移，人口也较之前有所下降。清廷平镇大理回政后，蒙化马帮一蹶不振，白族商帮则有所恢复。并且大环境下，英占缅甸，在滇西设立海关，开通免税陆路口岸。下关作为枢纽，商帮林立。民国肇造，社会松动，到1927年，经营有道的喜洲商帮已然独驾迤西商贸，步入鼎盛，由是才有喜洲的民国造屋高潮。及至1937年国民政府迁都西南，友邦美国援以人力物资，次年滇缅铁路动工，成为跨境贸易命脉。1941年缅甸沦陷后，滇藏通英印的马帮路线仍提供运力，然而丝茶出口贸易已日益萎缩直至关闭。这一短时期喜洲民居出现大变化，全赖地方工匠可资利用的材料、工法多样化，甚至引进上海工匠工法，最终形成一个融合出新形制的创造高峰。后虽戛然而止，商帮荡然，但华居尚在，余力犹存，此段云南大理喜洲孤岛式的本土近代化文脉可以为当下民间住宅的营造提供一块前现代主义的阶条石。

图片来源：

图1：闵锐，万娇．云南大理市海东银梭岛遗址发掘简报〔J〕．考古，2009（08）：23-41．

图2：a）杨德文．云南大理市下关城北东汉纪年墓〔J〕．考古，1997（04）：63-72．

b）杨德文．云南大理大展屯二号汉墓〔J〕．考古，1988（05）：449-456．

图3：a）b）杨德文．云南大理市下关城北东汉纪年墓〔J〕．考古，1997（04）：63-72．

c）d）杨德文．云南大理大展屯二号汉墓〔J〕．考古，1988（05）：449-456．

参考文献：

[1] 王翠兰，赵琴．洱海之滨的白族民居〔J〕．建筑学报，1963（1）：5-8．

[2] 云南省建工厅编写组．云南民居〔M〕．北京：中国建筑工业出版社，1986．

[3] 蒋高宸．云南民族住屋文化〔M〕．昆明：云南大学出版社，1997．

[4] 郭欣．云南地方传统建筑梁柱木构架的构成及其特征〔D〕．昆明：昆明理工大学，2004．

[5] 宾慧中．中国白族传统合院民居营建技艺研究〔D〕．上海：同济大学，2006．

[6] 赵琴．匠师访问记〔A〕//白族社会历史调查（三）〔C〕．昆明：云南人民出版社，1991．

[7] 金蕾．云南传统民居墙体营造意匠〔D〕．昆明：昆明理工大学，2004．

大理民居建筑木构架特征探析

乔迅翔

摘要： 大理民居建筑木构架是我国西南地区木构架的代表，其特征因既往研究多限于一地一类而含糊不清。通过考察传统大理民居建筑，在全面解析木构架的基础上，与川黔桂等地木构架相比较，指出了大理木构架特征：土木相依、重木相叠、大头榫拉结之法，套榫版营造法等，认为这是一种独特的木构架系统。本研究成果对于揭示我国木构架的多样性及地域性具有重要意义。

关键词： 大理民居建筑；木构架特征；穿斗架

大理民居建筑是我国西南地区主要建筑类型之一，早在20世纪40年代，刘敦桢就指出了其墙体、屋面等做法异于长江流域的民居，而“与我国北方诸省约略类似”[1]，但对其木构架未作评述。21世纪，宾慧中详细记录了大理白族民居木构架的术语、营造口诀以及画墨线、套榫版法等营造技艺[2]，奠定了进一步研究的基础。近几年来，我们在对滇、川、黔、渝等地木构架技艺进行普查和对比调研中发现，大理民居建筑木构架做法极具特色。

大理民居有“四合五天井”“三坊一照壁”“二坊”等多种空间组织形式，而作为其中“一坊”或“一合”的三开间建筑是其基本单元。这一基本单元体现了本地区木构架技术特征，是本文的考察对象。通过对大理民居建筑调研，我们认为其木构架具有四个特征，即土木相依的结构体系、重木相叠的构成方式、以大头榫为主的榫结系统、使用套榫版而无杖杆的施工之法，显示了在结构、木架构成、构造以及营造等多个技术层面上的独特性及其系统性。

1. 土木相依

在川黔桂地区穿斗架建筑中，木架与墙壁是独立的两套系统，木结构承重，墙壁是围护体。营造时是先立好大木架，再填充墙壁。早先的墙壁多为编竹夹泥墙，它的做法是在柱、枋之间安好竹篾壁体，然后在壁体内外抹泥。也有用木板做墙壁的。

不同于上述墙壁只起围护作用，大理民居建筑三面环以厚墙，墙体与木构架互相影响、共同作用，两者一起构成整体结构体系。（见图1）墙厚平均达60～70厘米，由夯土或土砖、卵石碎石等垒砌而成。房屋营建顺序一般为：先密实夯筑一层墙体，再在夯土墙中开出柱槽，在柱槽中抵入木构架；其后在夯土墙上砌筑土坯砖墙（也有全为夯土墙的），直至山尖和檐口，墙厚在枋的位置变薄，枋木包裹墙面。山墙及后檐墙内的柱子有些嵌入墙中，仅留出不宽的“柱门”，有些柱身突出墙面少许，避免柱子被完全埋入墙内。为控制墙、柱交接，采用柱子“含墨”做法，类似于北方官式建筑中的“开风门”[①]。事实上，不仅墙、柱间的这一构造关系，它们间的结构性能也与北方官式建筑相似：厚墙可扶持木结构稳定，而包裹在三面墙体内壁的木构架则有减缓墙体变形和防止墙体倾覆的作用。

图1　土木结合关系（喜洲周城村，朱墨摄）

照理说，穿斗架具有较好的稳定性，无需厚墙扶持，川黔等地板壁做法即是其结构可靠性的明证。徽州、景德镇等地或采用砖壁，但墙体与木结构相分离。可见，尽管大理地区局部采用了穿斗架，其具有防寒、防卫、抗震等功用的厚墙传统仍顽强地延续下来，而且其厚墙介入木构架的方式还是相当“北方化”或“官式化”的。

这一地区之所以习用土木混合结构，论者或认为与抗震要求有关，或认为受中原建筑文化影响，而笔者以为最值得注意的还是当地久远的土石建筑文化传统，即便是在今天，以表达厚墙建筑外观特征的“土库房”，在大理喜洲一带还有不少遗存，且充当“三坊”“四合”的主屋。这些封闭厚实的主屋，与木构的厢房厦子等一起围合成中心庭院，显示了人们对厚墙建筑形象有着比木构更高的社会认同。至于这一地区土库房的土木结构是如何演变而来的，虽然目前还不很清楚，但大体可以相信，它们与广泛流布的土掌房及其密肋梁架有着紧密关联。

2. 叠木之法

与厚实的墙体相应，水平向木构件呈现出叠置现象（见图2）。例如，横架中反复出现的“插枋+穿枋”组合，扣承、平盘、承重的三大件组合，以及承托檩子（脊檩、檐檩）的多重垛子方叠置组合；纵架中的挂枋、箍枋、檩子所构成的三重叠置，它们一起共同形成了局部厚重的“叠木”特色。

这一特色与其相邻地区的木构架相比尤为突出。川黔桂的穿斗架由凌空纤细的构件相互拉联而“构”成整体构架，轻巧活泼。其中的横架穿枋、纵架斗枋都是单根枋木，虽有拼帮做法，如贵州铜仁、石阡等地，由小料拼合成一根大料，仍属单枋性质。有些进深向的穿枋排布较密，如黔西南兴义、湘西等地，但都是相互分离而非叠合的。

此处叠木做法提升了构件强度和结点刚度，有利于承重与抗震。但一些夸张的叠木做法实非结构所需，如厦子出檐挑枋叠木有多达5层以上的，并加以雕饰，其观赏功能显然超出了结构功能，可见叠木之法更多是审美需要与长期习惯做法的产物。

如果把这种叠木做法与这一地区曾流行的井干式相联系，应该说是理所当然的事。尽管目前还不能确定井干结构在大理地区使用的具体情形，但从昆明石寨山晋墓的井干式明器以及传承至今的洱源山区白族“栋栋房”和丽江“木楞房”来看，井干结构确是本地区的主要建筑文化基底之一。而“栋栋房”与其他地区井干做法又有所不同，这里的木构架与井干结构已初步结合在一座建筑中，显示了两者的原初组合关系和发展趋

图2　叠木的"井干"意向（喜洲尹立廷宅，自摄）

势，无疑是当今"叠木"做法与木构架紧密结合的雏形。此外，用于承托脊檩的多层"垛子方"，其命名也显示了与"栋栋房"的关联："栋"当为"垛"，垒之意也。

张十庆先生曾从建构思维角度论述了各种结构体系间的关联，指出了井干结构与土墙结构在本质上都是垒砌，是基于同一种建构思维的结果。由此来看，土木混合做法与叠木之法内在是一致的，具有建构上的整体性[3]。

3. 大头榫拉结法

大理地区木构架以大头榫为主要榫结方式，辅以二肩蹬榫、滑榫、箍头榫、鸡尾榫等。因为二肩蹬榫、鸡尾榫在性质上与大头榫相同，实为大头榫的变体，可归为大头榫一类。在这些榫卯中，大头榫类的使用频率最高，我们统计的某一正房的屋架榫卯中，大头榫类就占54%（图3）。②

大头榫，又称燕尾榫、鱼尾榫、银锭榫，头大根小，嵌入卯口后，具有极强的抗拉能力。大头榫流布甚广，在各地木构架中都有发现，《营造法式》中也有记载，但一般仅能使用在檩间、柱头与枋木间等可以落榫安装的位置。因此，大头榫抗拉性能虽强，但受限于安装方式而通常不便应用。

本地区之所以能以大头榫作为主要抗拉措施，关键在于解决了在柱身安装大头榫的难题。由于大头榫其头大根小，不能直接插入柱身，遂采取了称作“打上挂”和“打下挂”的安装办法，其实质就是在柱身部位创造落榫安装的条件，具体做法是在大头榫卯眼的上方或下方另凿卯口，由此插入大头榫，“打上”“打下”安装到位，最后在开口处插入一滑榫，形成相叠两枋，此即上面所述的“叠木”之法。从榫卯做法看，此两枋功能不同，一枋重在抗拉，一枋则更多承担抗剪和抗弯功能，两枋相互补充，这与一般穿斗架中的抗拉机制完全不同。

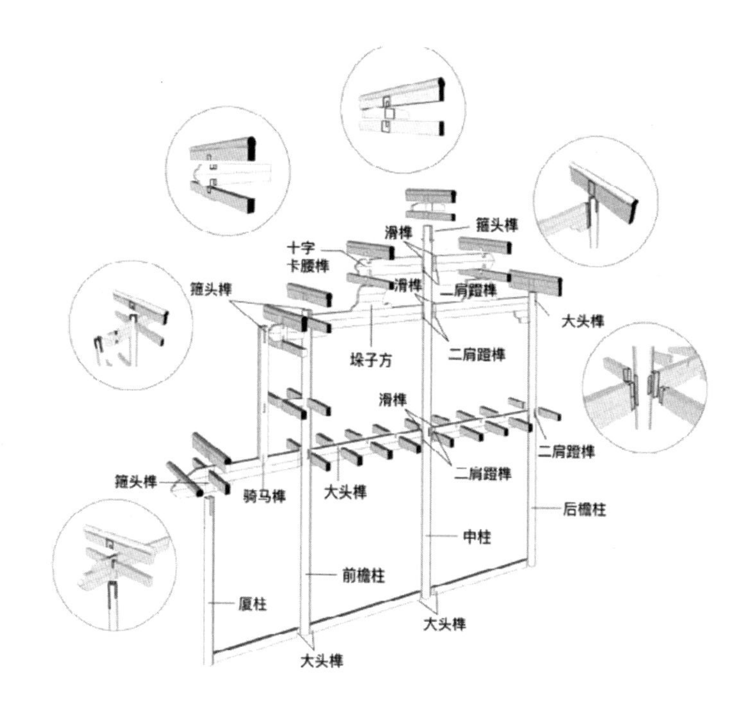

图3　一榀木构架的榫卯分布示例（万君绘）

在一般穿斗架中，柱子开口是穿透的，进深向的穿枋是通长的，穿枋既是拉联构件，又兼作榫头（直榫）。通长的穿枋穿过柱身，串联各柱，而不是分段地逐柱拉结。此时的拉结之法具体有二：其一是采用“涨眼法”安装，穿枋入柱须大力敲打方可，利用其间的摩擦力形成拉结性能。其二是在枋木端头以“栓”（销）来固定枋木与柱身的连接[③]。

大头榫与叠木之法相互配套，“叠木”为大头榫安装提供了落榫安装的条件，而大头榫拉结法更使得穿枋、插枋等叠置成为必需。此外，两法在一定程度上还导致产生了极富特色的营造方法。

大头榫拉结法深化了我们对木构架尤其是穿斗架本质的认识。穿斗架榫卯的核心是注重构件间的拉结联系，除了常见的“穿榫”外，这里的大头榫提供了一种新的做法。榫卯作为木构架的本质差异之一，并不在于它的形式与类型，而是其性能。

4. 套榫版营造法

大理建筑营造技艺中最为独特的是套榫版营造法，当地供奉的鲁班像手拿套榫版，就体现了对这一技艺的高度推崇。套榫技艺的实质是通过套榫版这个媒介把卯眼尺寸“讨”“套”到另一构件上，以据此制作榫头。类似方法虽然几乎遍及全国，有讨退法、记数法、签片法等，而只有建立在榫卯模数化基础上的套榫版法是最为突出的。套榫法的具体操作方法已有相当充分的研究，但“榫卯模数化产生的条件是什么，对于穿斗架具有普遍适应性吗，为什么有了套榫版技艺就不再采用通行南北的‘杖杆法’呢”等问题还需要探讨。

套榫版为大头榫状，版宽有1.2寸、1.4寸、1.6寸、1.8寸等几种规格，对应着常用的榫卯宽度尺寸。由于榫头已经完全规格化（如大头榫头长同于榫宽，头至根部两边各收分2分，所有榫头高度都有常用定值），因此，仅需“讨”“套”卯眼深度与抱柱斜度，即可做到榫卯严丝合缝。

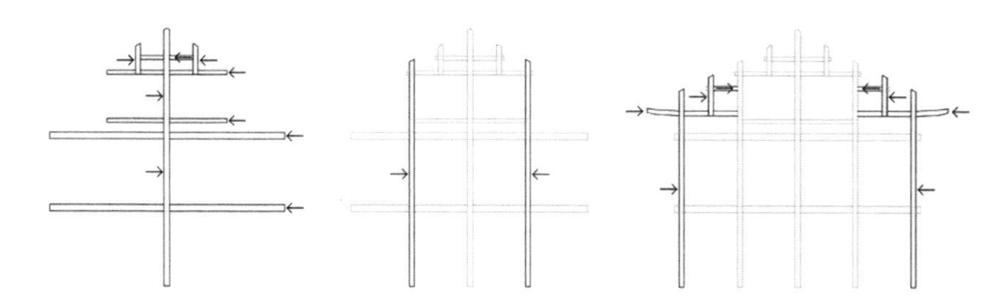

图 4 一般穿斗架拼装示例（自绘）

但上述规格化榫卯在其他穿斗架中是不存在的。就一榀构架来看，大理木构架所有榫卯宽度相同，同一水平构件穿插立柱的卯眼高度也相同，如所有承重穿枋卯眼尺寸为1.6寸×4寸，所有大插穿枋卯眼尺寸1.6寸×5寸。而其他穿斗架中，某一穿枋穿柱时各柱上的相应卯眼其大小皆不相同，高宽呈现递变关系。

大理与其他地区穿斗架榫卯的上述差异，直接原因在于构件拼装方式。前文已述，为了增强构件间拉结性能，一般穿斗架枋柱间结合严实，两者必须具有“拉劲”，切不可松松垮垮，在穿柱时，要用木槌反复大力敲打入位方可。这项工作费工费时，对木柱外皮有一定损伤，因此仅在柱枋快到位时才施行。以安装中柱为例，中柱在就位之前穿过一段枋木时很容易，此段穿枋的断面由小变大，当接近中柱位时需要敲击柱枋才可最终就位。对应于断面渐变的穿枋，各柱卯眼大小也必然是递变的。也就是，即使是同一根穿枋，其对应的各柱卯口尺寸也各不相同（图4）。而大理穿斗架中的枋木，据我们在喜洲的观察，全部都是分段插入柱身或落入柱头，因此不会出现因枋身穿柱引起的卯口大小必须递变的问题。至于剑川一带使用通长穿枋，如京穿安装，在入柱时，“往上略抬起京插，京穿很容易插入柱子。待京穿就位，京插回落柱京穿，二者即可紧密搭接”[4]，也就是，穿枋与柱身卯眼间不再注重由两者挤压而产生的摩擦力，因为大头榫已分担了拉结功能。大理木构架的各柱卯眼皆略大于穿枋断面，榫眼大小自然可以完全相同，榫卯模数化至此也就水到渠成。

据上，以大头榫拉结柱枋而不是以通长穿枋与多柱之间的摩擦力来拉结柱枋，是大理榫卯能够模数化而其他地区榫卯不能模数化的根本原因。而同时，由于通长穿枋穿过多个柱身，必然要求各柱身卯眼严格对位，在高度上不可有丝毫偏差，否则极易发生穿柱不得的情况。杖杆作为绘制了各柱卯眼尺寸的一把尺子，很方便地解决了卯眼对位问题。因为使用同一把尺子在不同柱身量画的相应卯眼，不仅方便，也减少了错误与误差。与之对照，大理木构架因段枋相接，其柱身卯眼的相互对齐关系则无须如此严密。这就是为什么其他地区要使用杖杆法、而大理却未见的主要原因。

5. 结语

综上所述，大理木构架是极其独特的一种体系。首先，木构架与70厘米左右厚的土墙相互扶持，共同抵御侧向荷载，具有某种土掌房及其密肋梁架的特征。其次，对于木构架构成本身来说，无论是脊檩下还是檐下，甚至斗枋、穿枋均呈现“叠木”形态，具有明显的“井干”意向。再次，木构件间以大头榫拉结，而不是南方穿斗架常见的“涨眼法”及栓，在云南以外地区也很罕见。最后，施工采用套榫法而无杖杆法，形成了独特的营造技艺。

上述构架特征是相互关联的。其中，土木混合与叠木之法都体现为一种垒砌建构思维，反映着本地区的建筑文化基底。而叠木做法尤其是重枋相叠，是实现大头榫构造的前提条件。而一旦以大头榫来承担拉结功能后，穿枋就从“涨眼法”安装中解放出来，卯眼就有了模数化的条件，其水平对齐要求也急剧降低，此时抛弃杖杆法、创造套榫版法就成为可能。

大理地区这种独特的结构体系，某些方面表现出强烈的穿斗架性质，如注重构件拉结性能，尽管具体做法完全不同；有些则表现为抬梁架甚至是井干式的特征，如木构件垒叠之法；而同时，还具有某些土木混合结构做法。这种“非标准”的木构架，亟待进一步深入研究。

注释：

①含墨做法是：柱子被夯土墙包裹的深度控制在柱子入墙方向直径一半距离，以保证墙面在抹泥后柱子还能局部外露。宾慧中．中国白族传统民居营造技艺［M］．上海：同济大学出版社，2011.

②是对国家文物保护单位喜洲严家大院的三进院正房所用榫卯进行的统计。其中，大头榫92处，二肩蹬榫（带肩大头榫）54处，滑榫（直榫）52处，箍头榫64处，骑马榫8处。

③栓有“耙栓”和“羊角栓”两种（铜仁地区称法），前者穿过柱身，把柱穿串起来，类似于《营造法式》中“销眼穿串”之法；后者是栓木紧贴柱外皮穿透榫头的出柱部分，以防拉脱。在大理地区，未见穿柱身的耙栓，有极少量的柱外栓，但做法不讲究，且多在隐蔽处。

参考文献：

［1］刘敦桢．西南古建筑调查概况//刘敦桢文集：第三卷［M］．北京：中国建筑工业出版社，1987：354-357.

［2］宾慧中．中国白族传统民居营造技艺［M］．上海：同济大学出版社，2011.

［3］张十庆．从建构思维看古代建筑结构的类型与演化［J］．建筑师，2007（2）：76-79.

［4］宾慧中．中国白族传统民居营造技艺［M］．上海：同济大学出版社，2011：55.

03

测绘图纸

CE HUI TU ZHI

大慈寺
DA CI SI

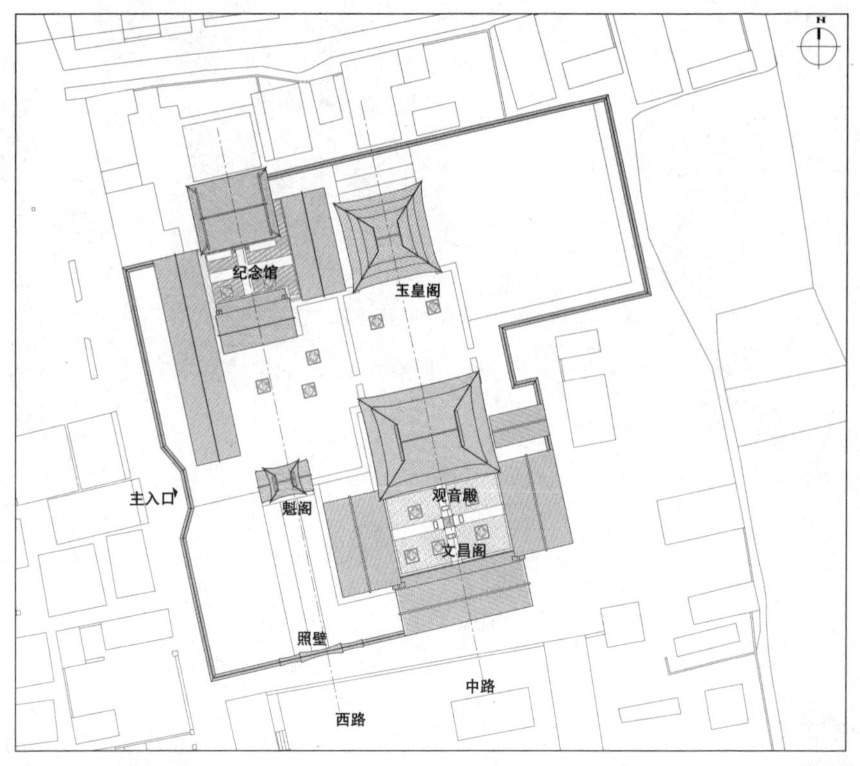

建筑名称：大慈寺
建筑结构：木构架结构
现今用途：纪念馆

大慈寺位于喜洲古镇南约250米处寺上村。相传其始建于唐南诏时期，碑刻记载表明，在明永乐、清乾隆时期重修。抗日期间作为华中大学西迁校址使用。建筑群坐北朝南，原初当有三路，现存中、西两路。中路从南至北依次为观音大殿一组和玉皇阁，西路从南至北为照壁、魁阁和华中大学西迁纪念馆一组。入口现改在西侧临街道的魁阁附近。大慈寺现东西长约82米余，南北长约76米余，占地约7.5亩。

玉皇阁三重檐歇山顶，面宽三间，逐层收分。底层宽9.9米余，深9.8米余。每层外檐皆施斗栱，第一、二层为重翘五踩，第三层为三踩，多出斜栱。观音大殿殿身三间周围廊，进深十一架，重檐歇山顶。殿身宽11.6

米余，深7.8米余，廊深2.2米余。除了在外檐遍施斗栱外，明间左、右两榀屋架柱身设插栱，形成铺作层意向。殿身柱头科、角科斗栱出45° 斜栱。文昌阁南、东、西三坊与观音大殿组成一个相对封闭的庭院，皆出前廊。南坊两层，面宽五间，“三架六行”明楼浅骑厦，东、西两坊单层，面宽三间。

魁阁呈三间四柱三楼的牌楼式样，明间两层单檐歇山顶，两次间单层硬山顶，宽6.89米，深2.35米。华中大学西迁纪念馆包含五座建筑，围合成庭院，南北坊出厦廊。

大慈寺在布局、建筑样式和做法上体现了官式与当地营造传统的结合，保留的若干碑刻也具有较高历史价值。

玉皇阁爆炸图

玉皇阁实景

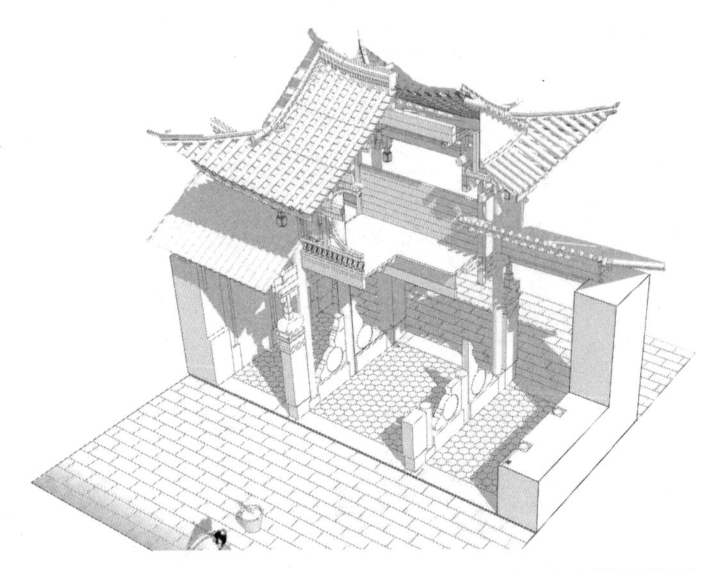

魁阁剖透视图

魁阁照片

魁阁爆炸图

西路纪念馆 剖透视图

中路院落 文昌阁透视图

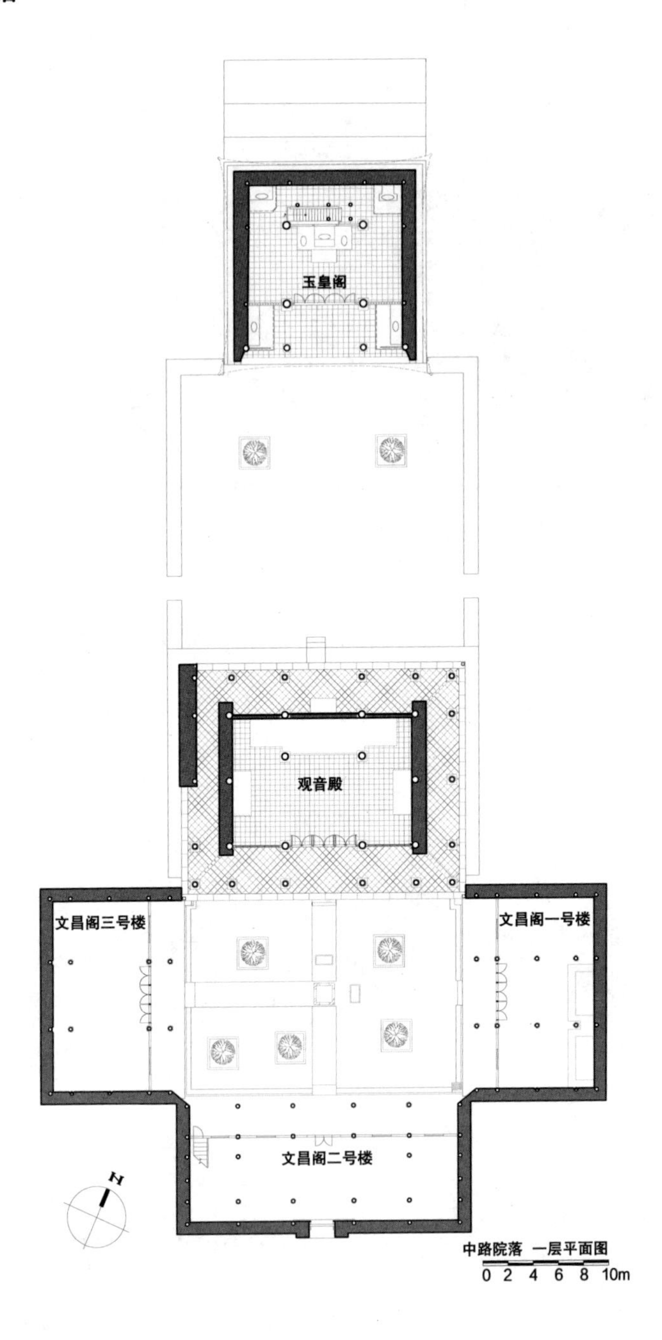

中路院落 一层平面图

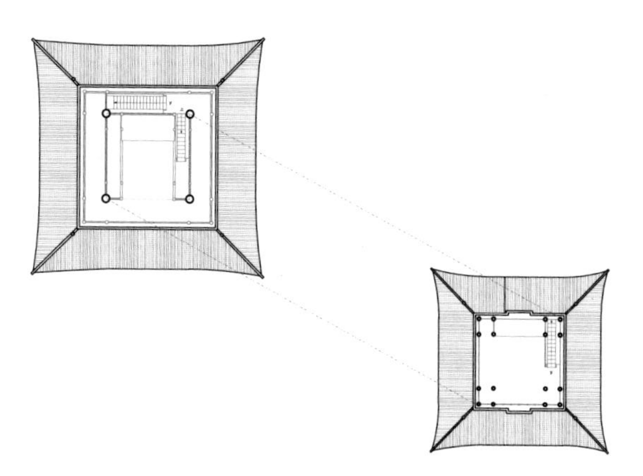

中路院落 局部三层平面图

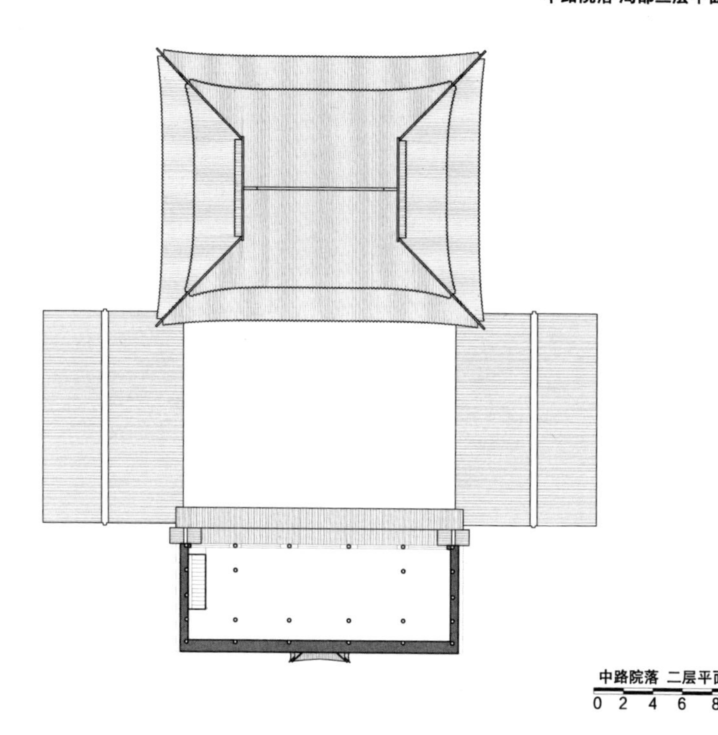

中路院落 二层平面图

0 2 4 6 8 10m

中路院落 A-A 剖面图

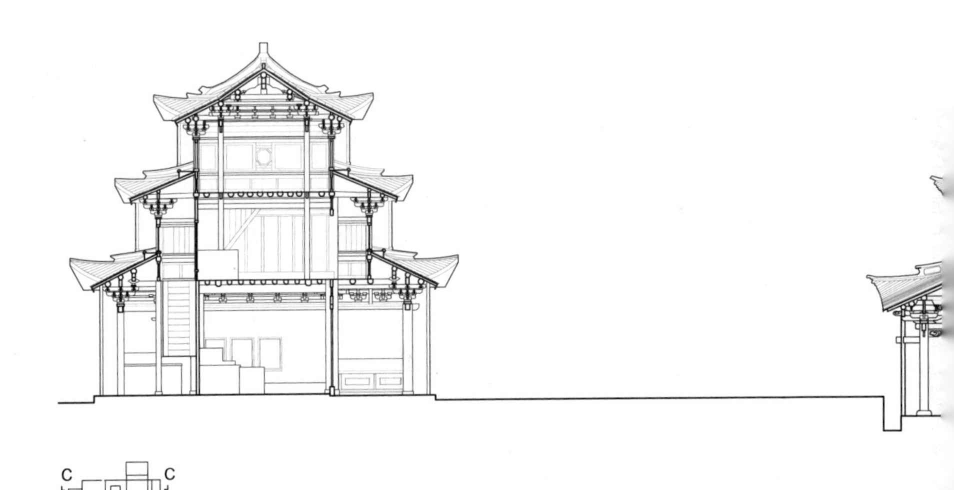

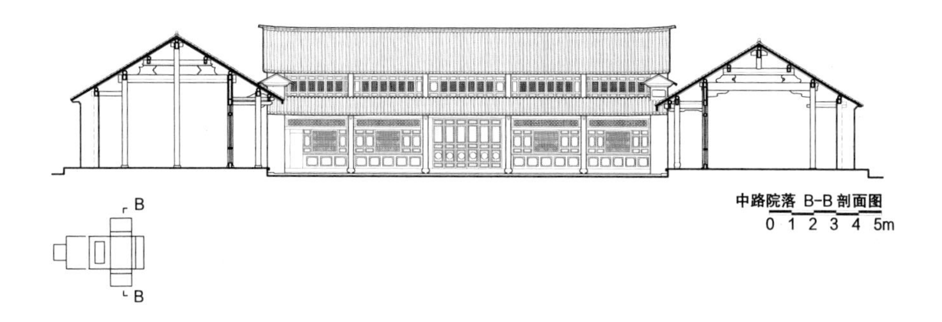

中路院落 B-B 剖面图
0 1 2 3 4 5m

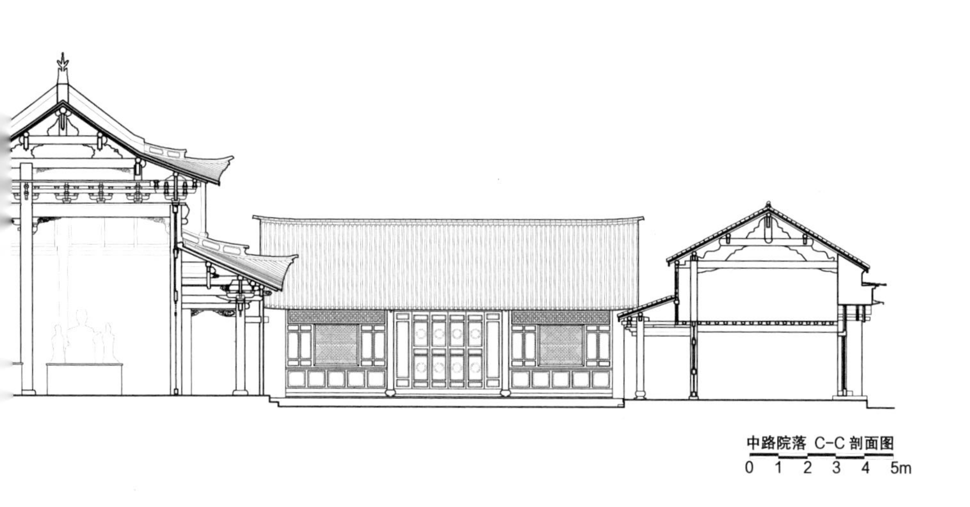

中路院落 C-C 剖面图
0 1 2 3 4 5m

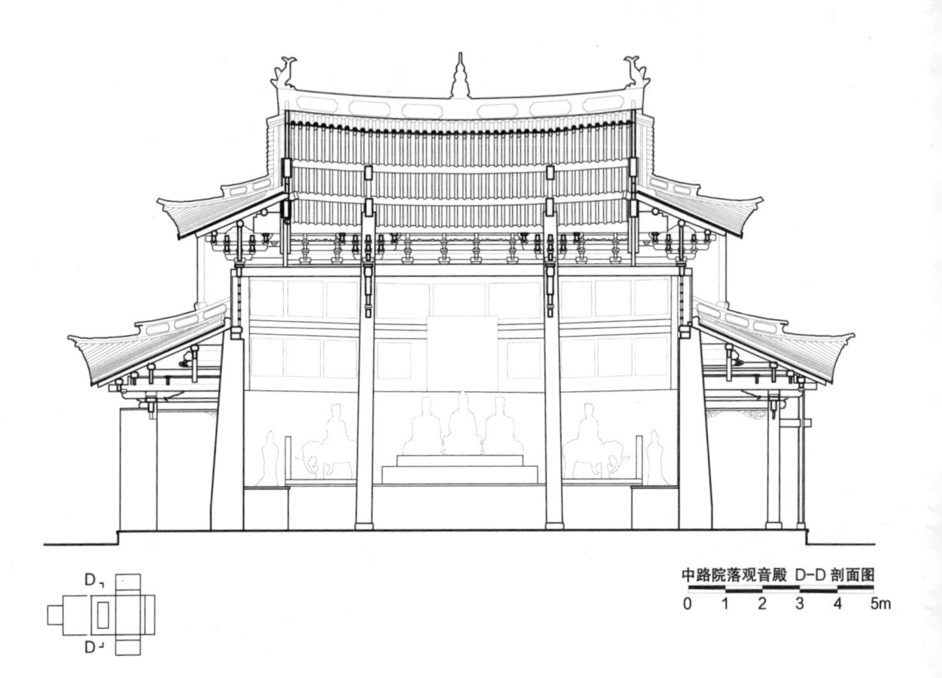

中路院落观音殿 D-D 剖面图

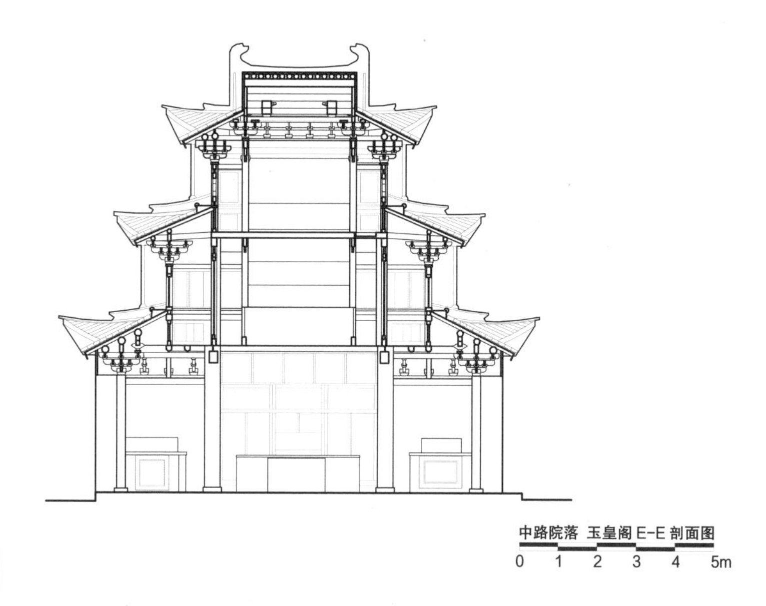

中路院落 玉皇阁 E-E 剖面图

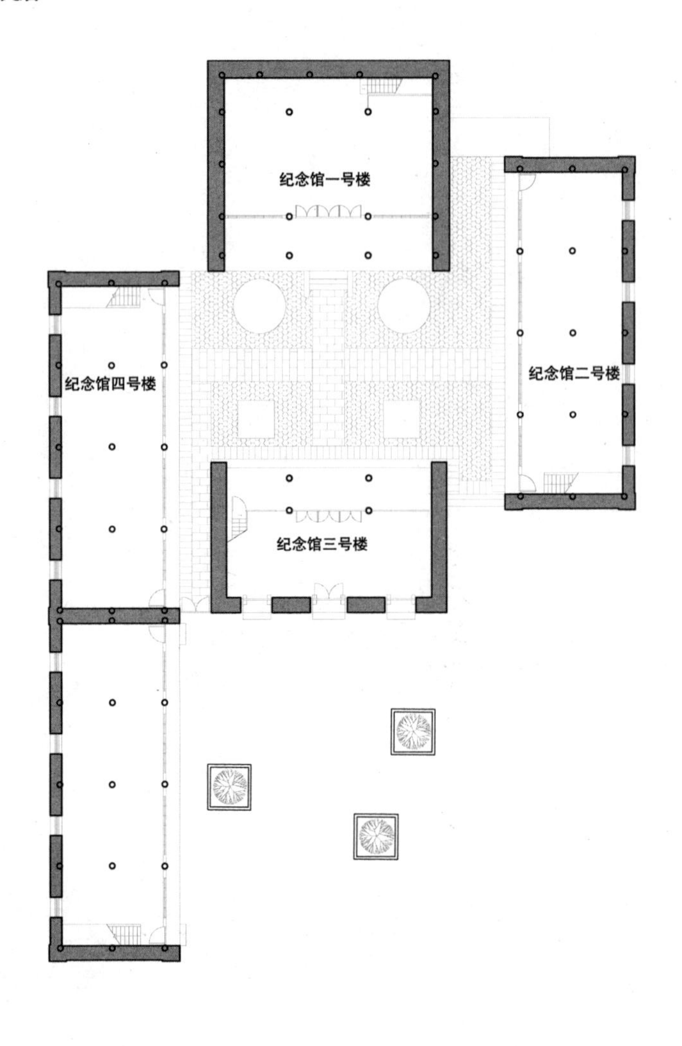

西路院落 一层平面图

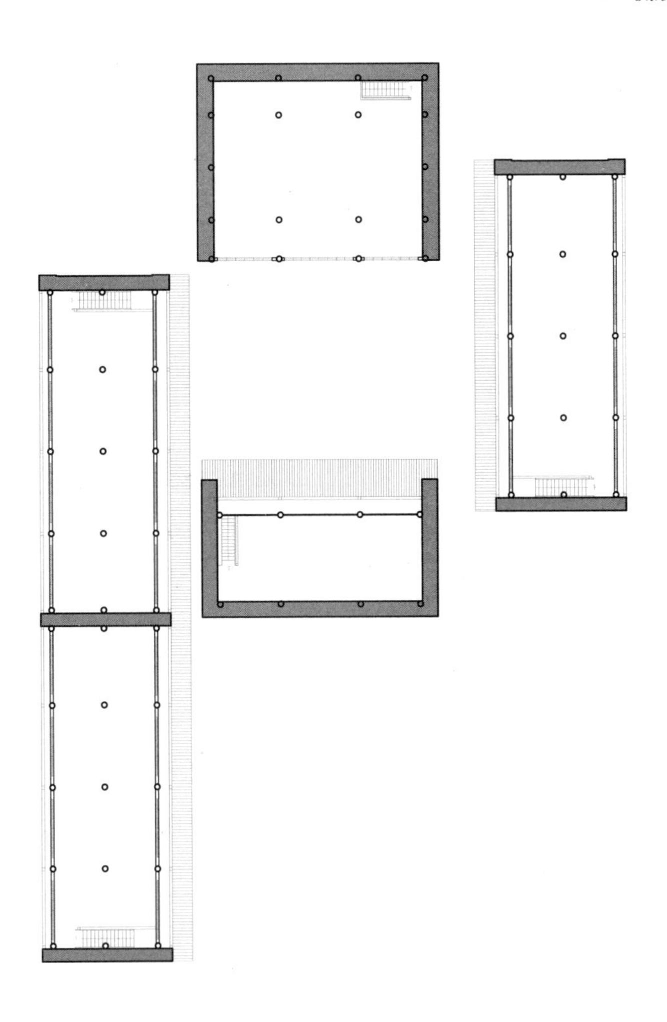

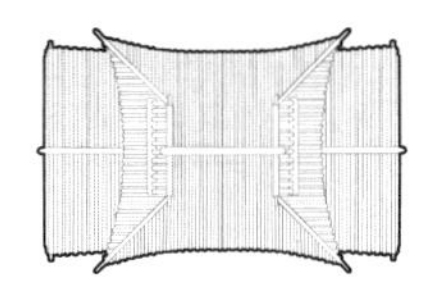

西路院落 二层平面图

0 1 2 3 4 5m

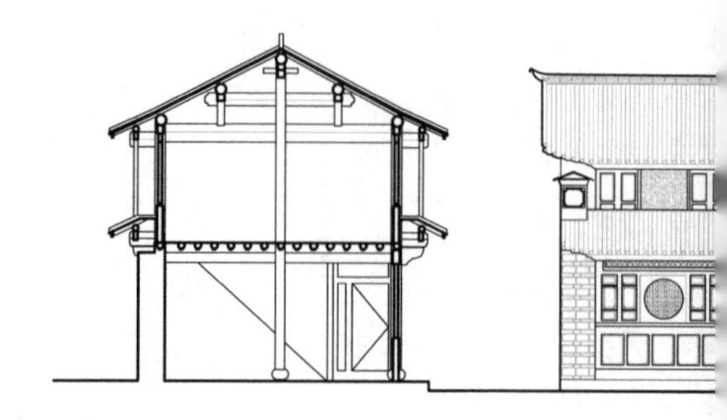

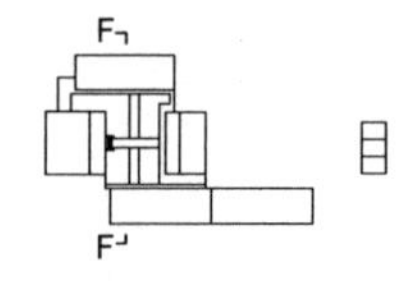
F
F

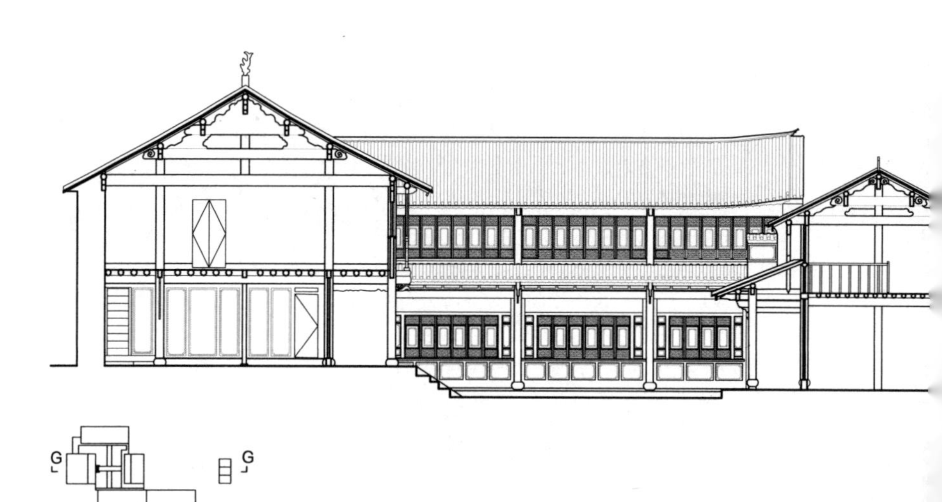
G
G

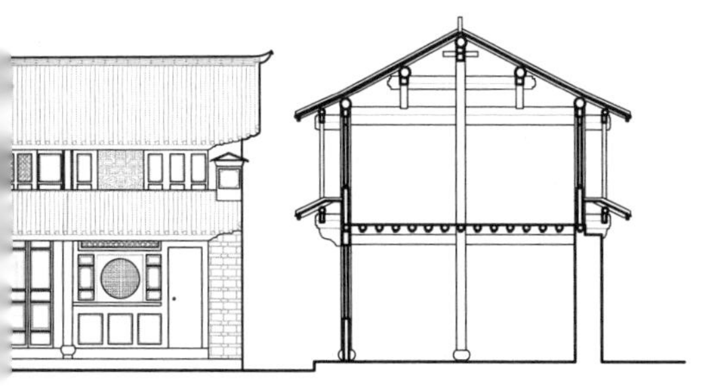

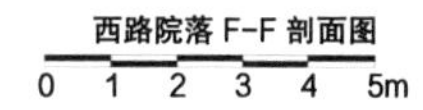

西路院落 F-F 剖面图

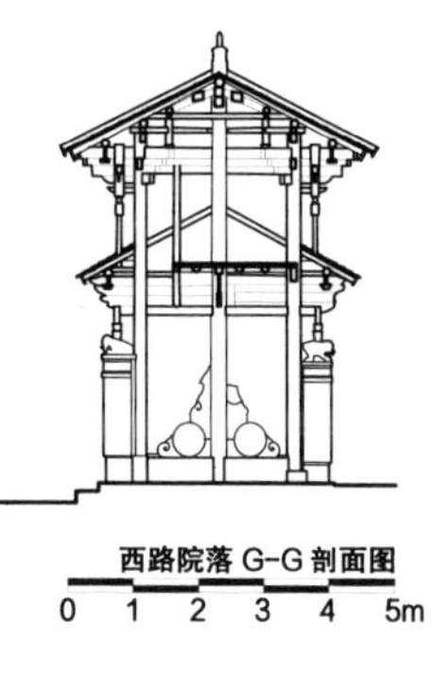

西路院落 G-G 剖面图

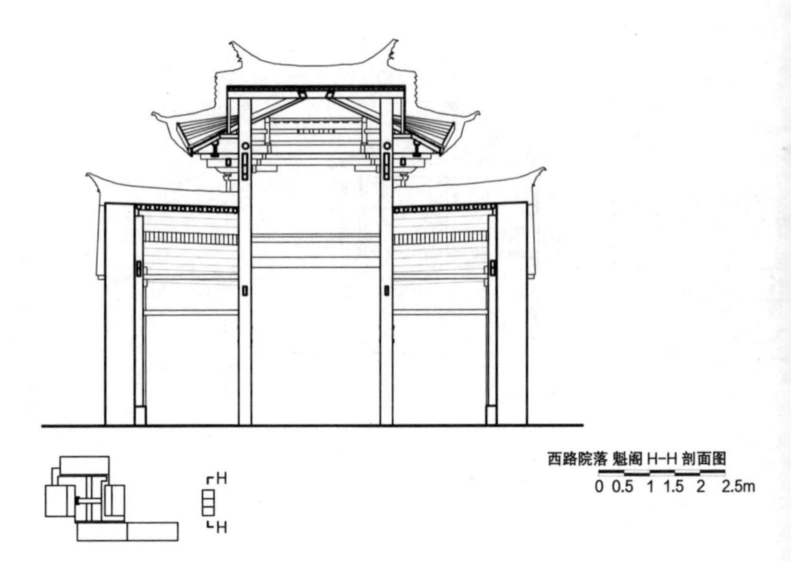

西路院落 魁阁 H-H 剖面图
0 0.5 1 1.5 2 2.5m

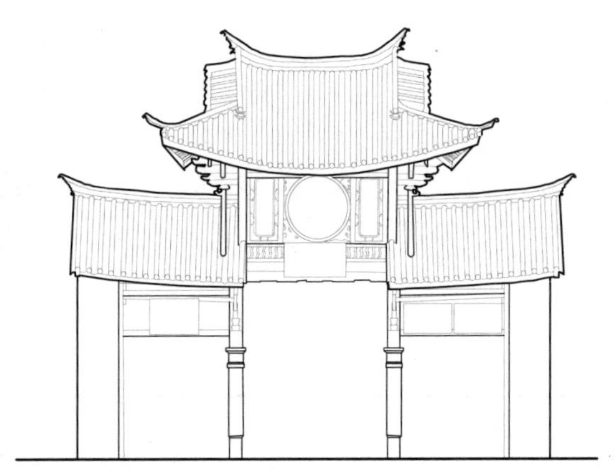

西路院落 魁阁立面图
0 0.5 1 1.5 2 2.5m

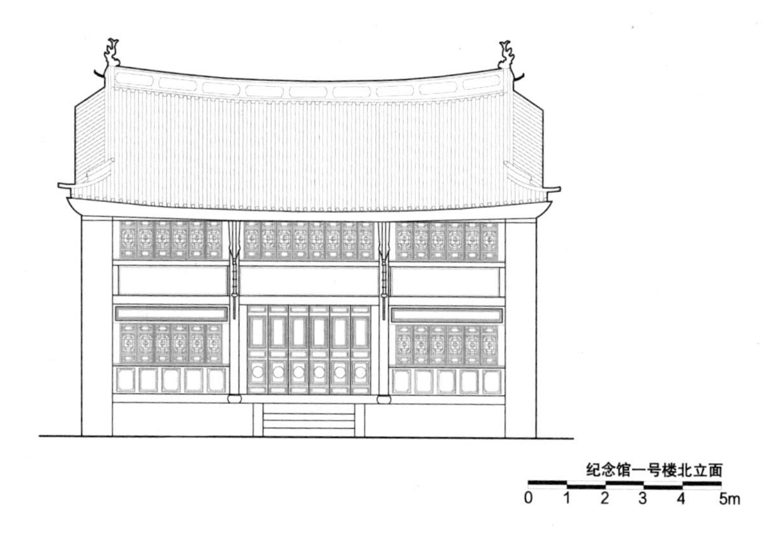

纪念馆一号楼北立面

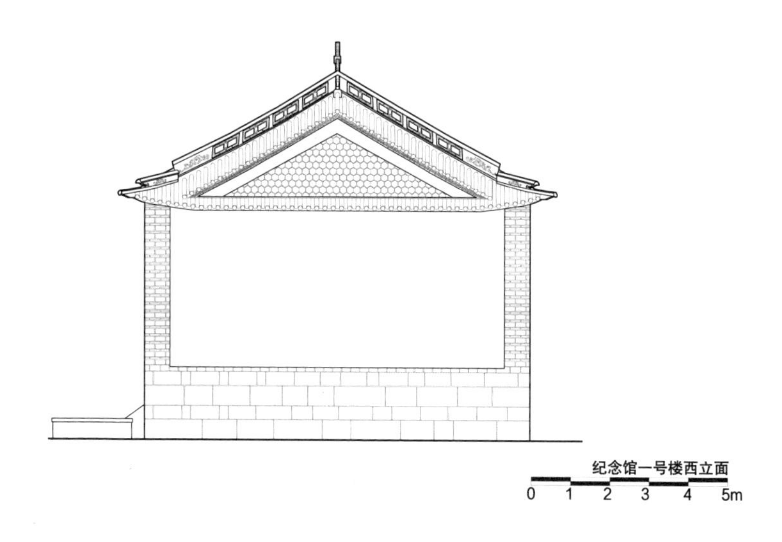

纪念馆一号楼西立面

纪念馆二号楼北立面

0 0.5 1 1.5 2 2.5m

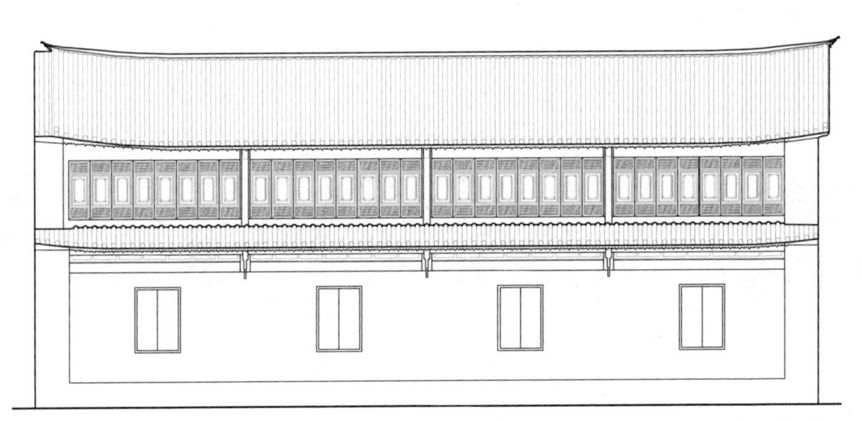

纪念馆二号楼西立面

0 0.5 1 1.5 2 2.5m

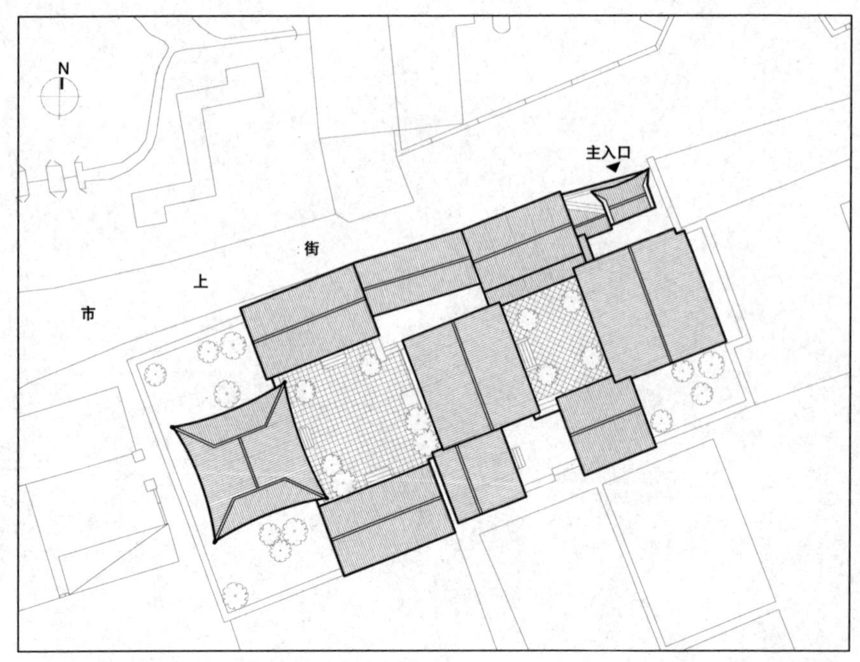

建筑名称：紫云山寺
建造年代：始建于明代
建筑性质：宗教建筑
现今用途：寺庙

总平面图
0 3 6 9 12 15m

紫云山寺位于喜洲古镇市上街，始建于明代，现存建筑为清代及以后所建，是喜洲集“道、佛、儒”于一体的重要宗教建筑。紫云山寺整体上由10座建筑围绕两个院落展开，坐西朝东，看似符合“中心轴线、左右对称”的传统寺庙布局常法，实际上是由当地传统民居格局拼合而来。其中，关帝庙、三圣殿一组所在的前院属于四合五天井布局，四坊皆出廊。该院的东北漏阁是紫云山寺入口所在，西南漏阁作三官庙，西北漏阁作通道，由之转入后院。经由漏阁连通各院也是喜洲民居常见做法。斗姆阁一组后院，作三坊一照壁布局。

关帝庙建于雍正年间，三间，宽11.3米，深9.38米，廊深1.8米，五架九行，中缝中柱不落地。三圣殿建于1904年，三间，宽10.4米，深8.0米，廊深1.5米，五架九行，中缝中柱不落地。斗姆阁，三间，宽8.15米，深

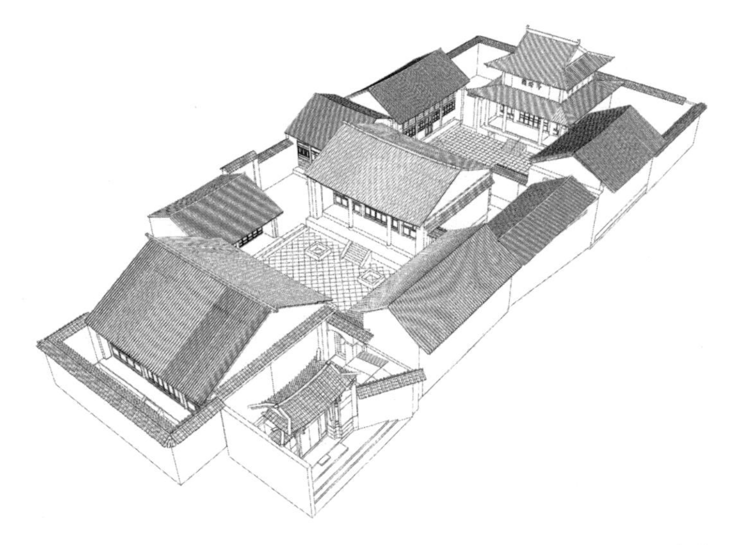

鸟瞰图

斗姆阁实景

8.54米，重檐歇山顶，殿身外檐施五踩斗栱，明间平身科四朵，以中心四根通柱限定主体空间，柱高6.5米，直径40厘米。斗姆阁供奉斗姆元君，为北斗众星之母，据传原为龙汉年间周御王的爱妃，号“紫光夫人”。

紫云山寺作为民间寺庙，较多地反映了大理白族地方建筑规制和做法。

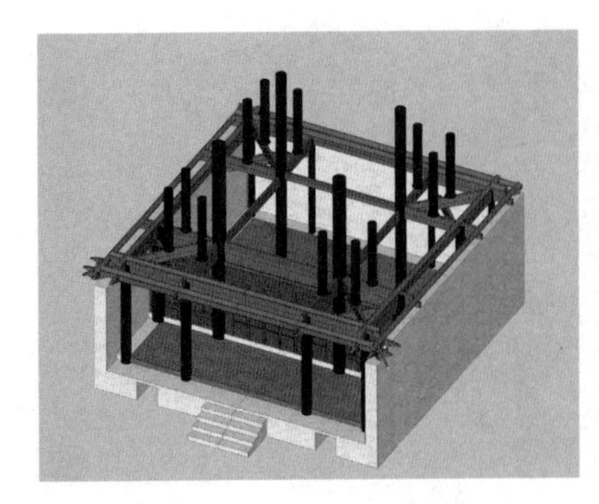

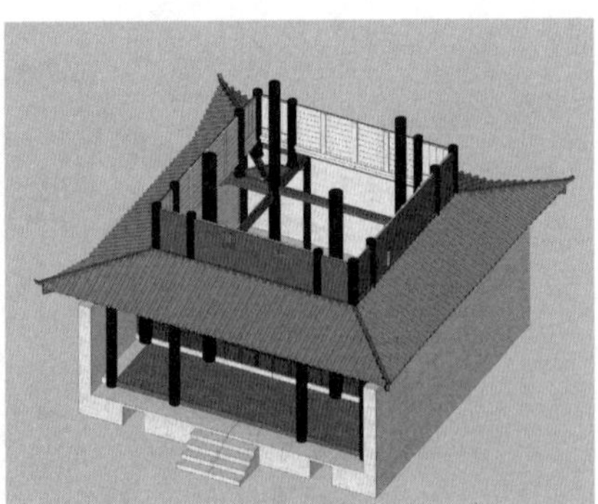

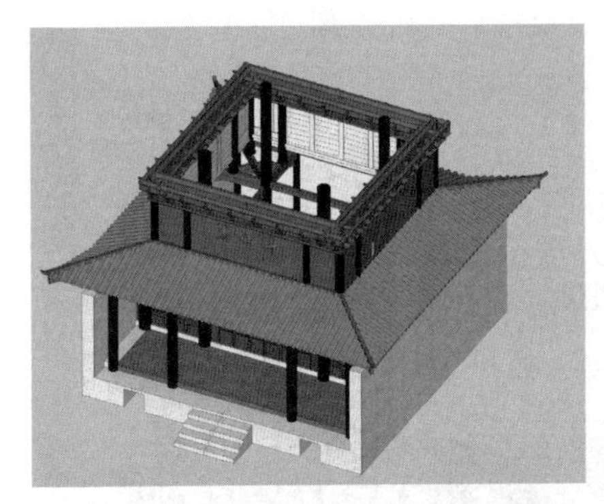

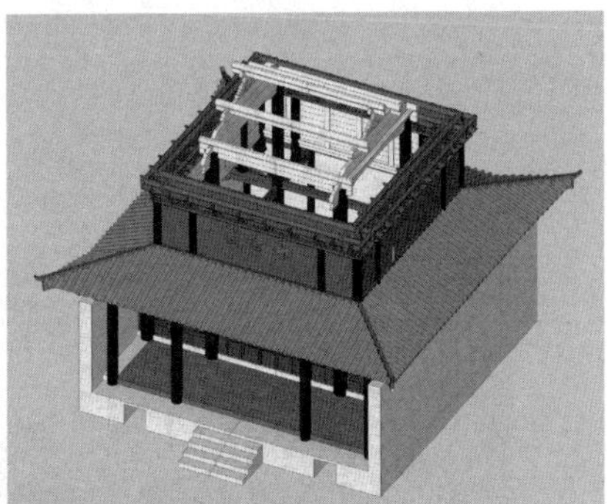

斗姆阁结构分解图

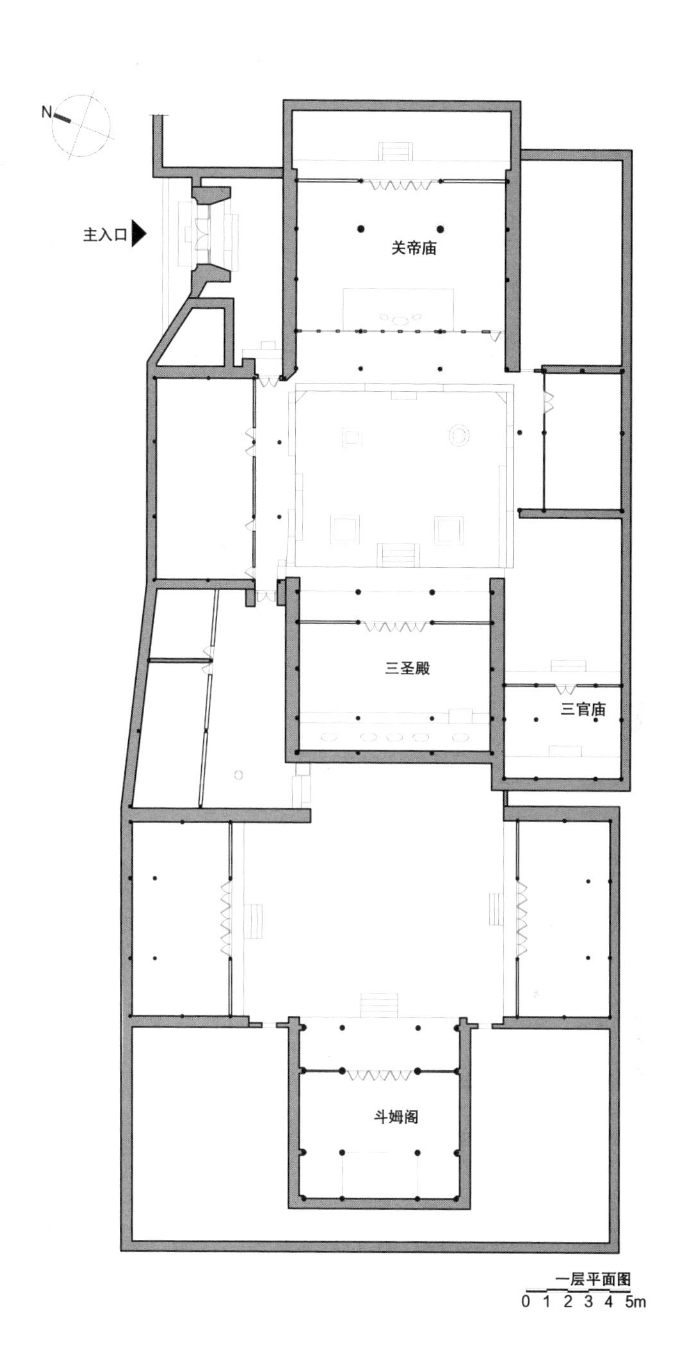

一层平面图

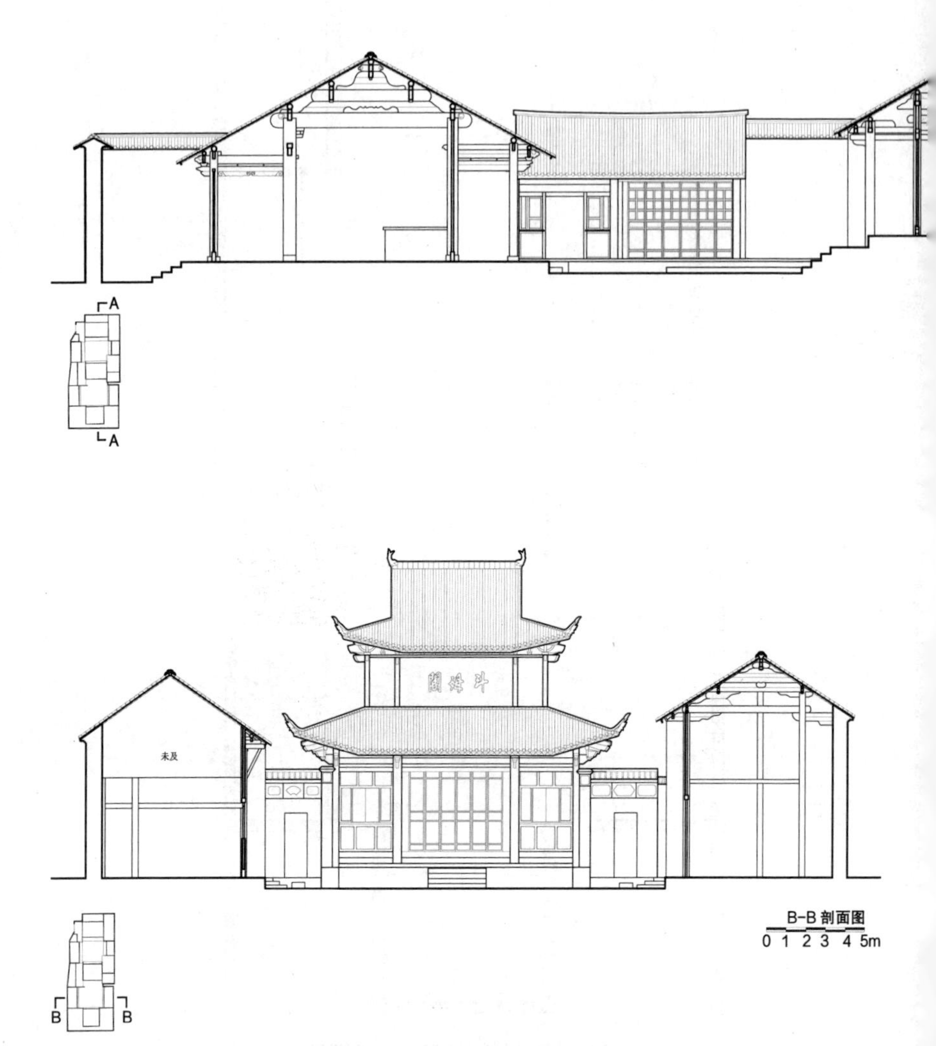
A
A
未及
B
B
B-B 剖面图
0 1 2 3 4 5m

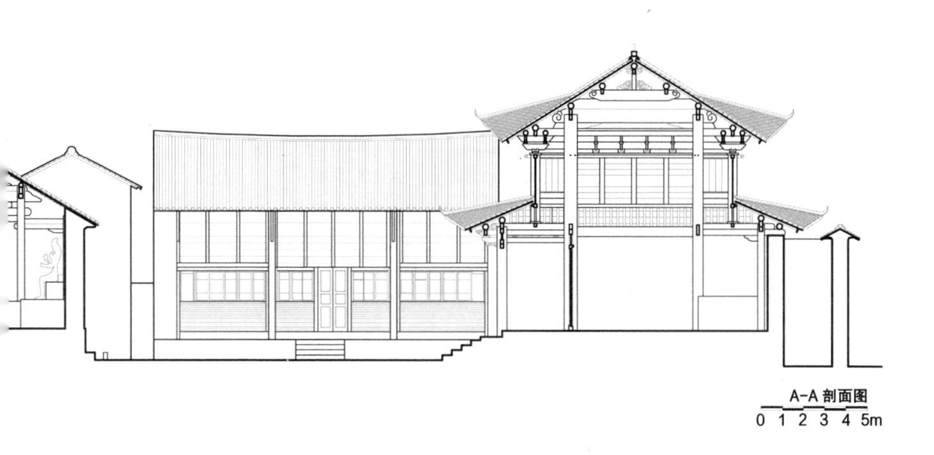

A-A 剖面图

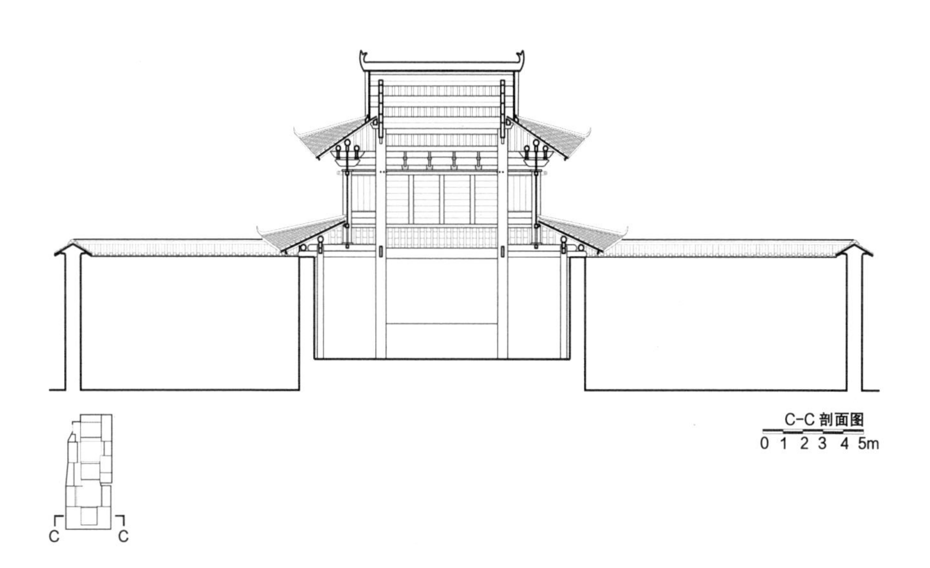

C-C 剖面图

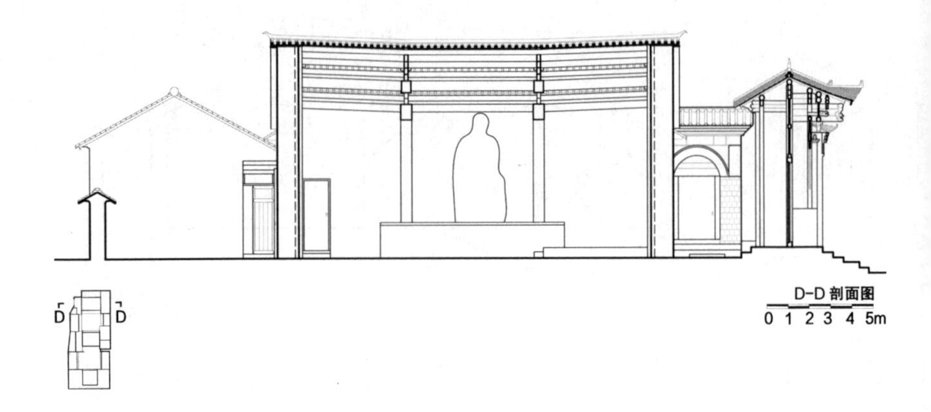
D
D
D-D 剖面图
0 1 2 3 4 5m

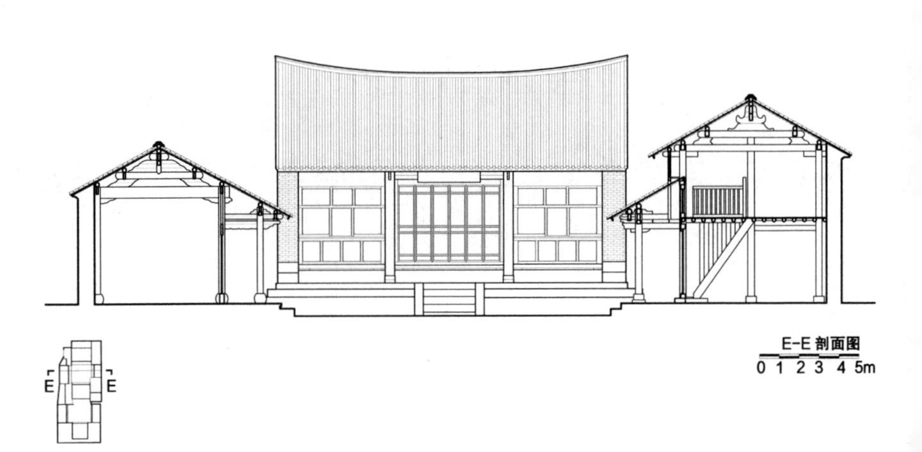
E
E
E-E 剖面图
0 1 2 3 4 5m

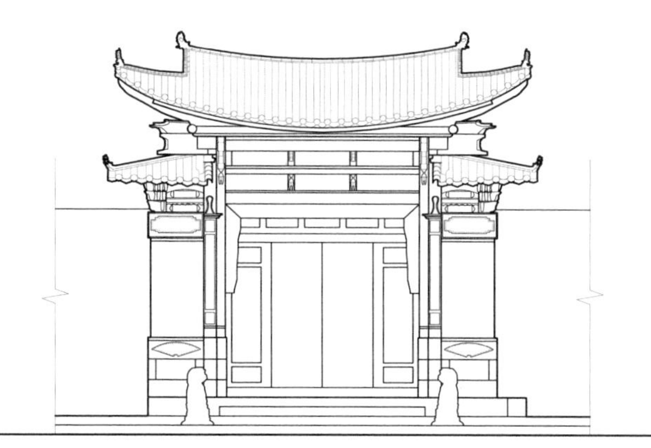

大门立面图

0 0.5 1 1.5 2 2.5m

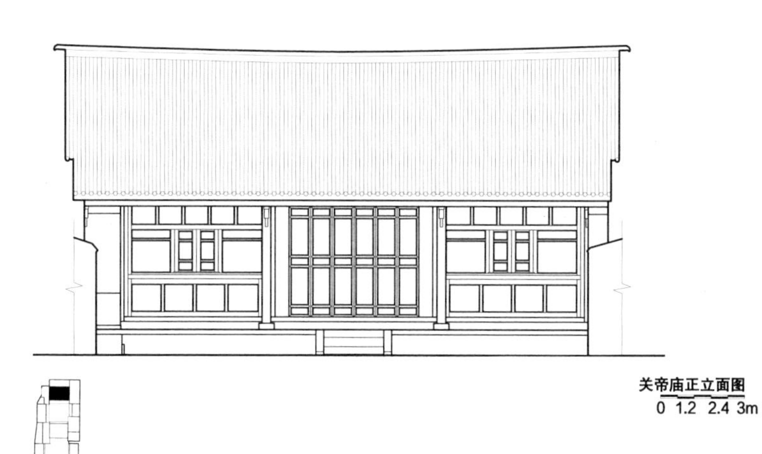

关帝庙正立面图

0 1.2 2.4 3m

严家大院

YAN JIA DA YUAN

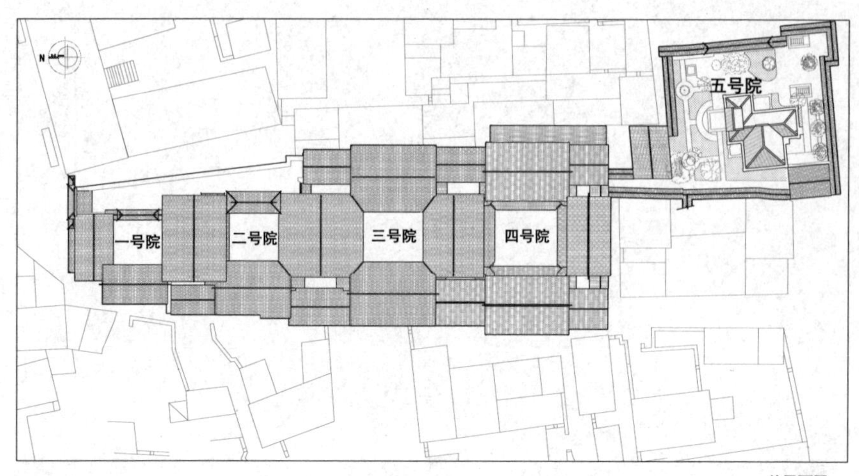

建筑名称：严家大院
建造年代：1907 年
建筑性质：传统民居
现今用途：博物馆

严家大院（严子珍宅）位于喜洲古镇富春里1号，大门临四方街，主体建于1907年。严子珍创办喜洲商帮“永昌祥”，积累了大量财富，热心公益，是喜洲商帮“四大家”之首。该建筑群南北约110米，东西约43米，占地约为4.6亩。由正房朝东的两座“三坊一照壁”、两座“四合五天井”，以及“小洋楼”后花园组成，五个院落依次由北至南相贯通，构成一组深宅大院。大门为三滴水形制，其后是一巷道，连通前面两院，其尽端直通二门，由此进入第三进院。二门采用西方造型元素。

第一院原是下人住处，现为服务用房。正房三间两层、三架六行硬山顶，南坊兼作二院北坊（“两面亲”），三层挂厦，其北作为土库房立面，南设外廊。北坊三间两层，北出外廊。第二院，三坊三间两层，皆设前廊，南坊前后双廊带雨水柱。第三院转角各坊交接处做有四组精美的“美

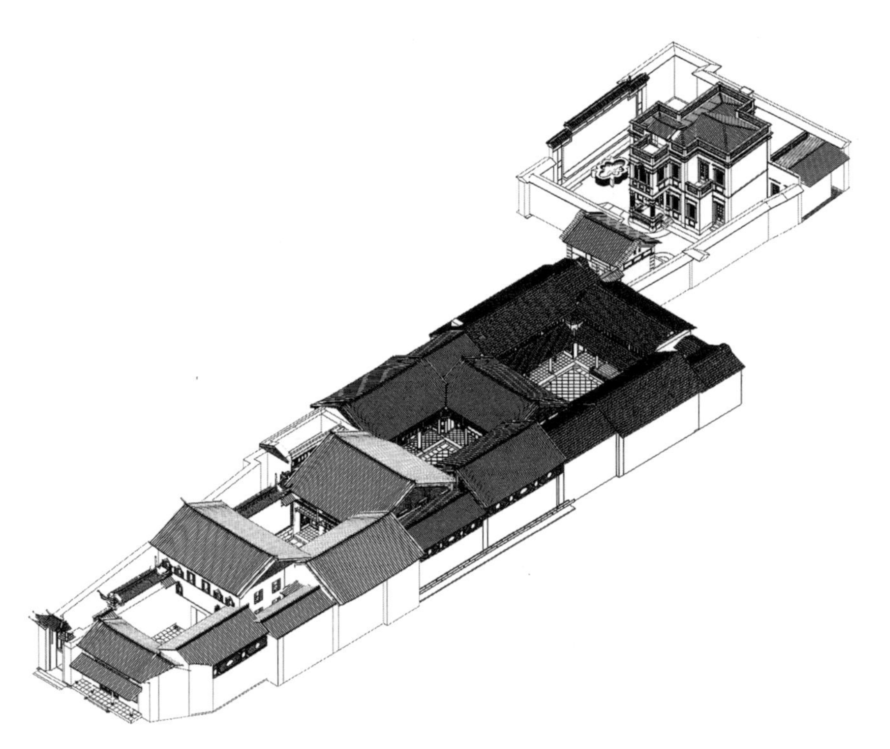

鸟瞰图

人窗”，正房四架八行带雨水柱，东坊四架六行带雨水柱。第四院各坊为带雨水柱明楼浅骑厦，底层皆出前廊，形成舒适的居住空间。第五院为后花园，于1936年建造洋楼，并设地下室防空洞，大约是喜洲第一座钢筋混凝土结构的房屋。

严家大院是喜洲规模最大的民宅之一，布局严整，做工讲究，建筑内雕刻彩画装饰精美细腻，体现出白族传统民居的艺术特色。1987年被列为云南省文物保护单位，2001年被列为全国重点文物保护单位。

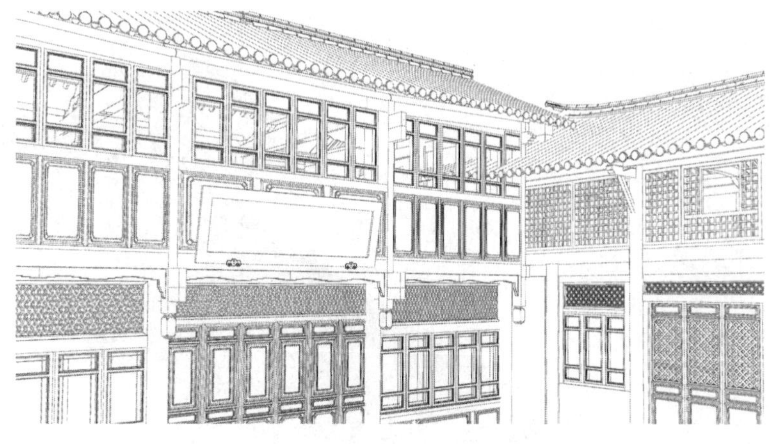

一号院落透视图

二号院落透视图

三号院落透视图（一）

三号院落透视图（二）

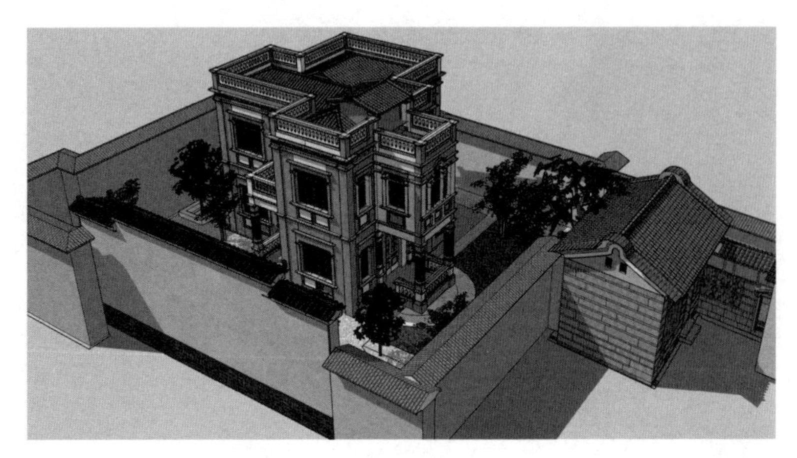

五号院落鸟瞰图

二号院三维扫描点云图

三号院落透视图（三）

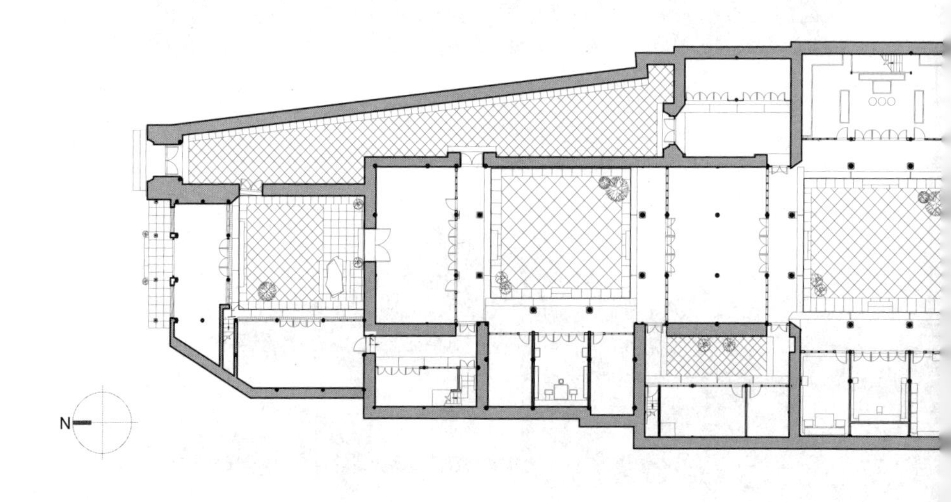
N

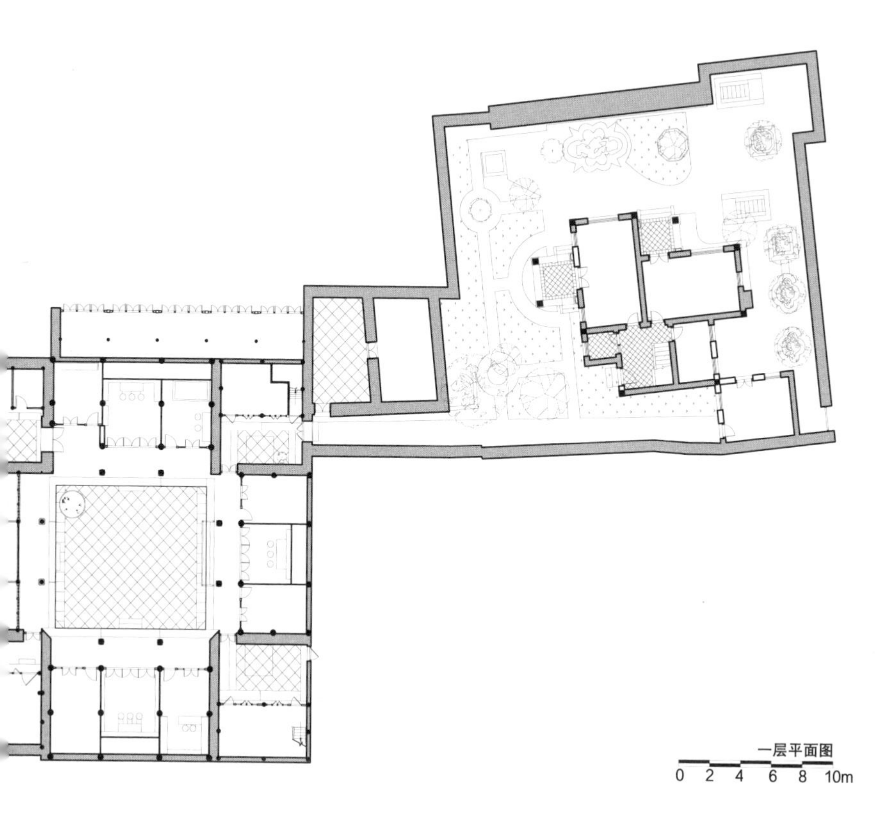

一层平面图

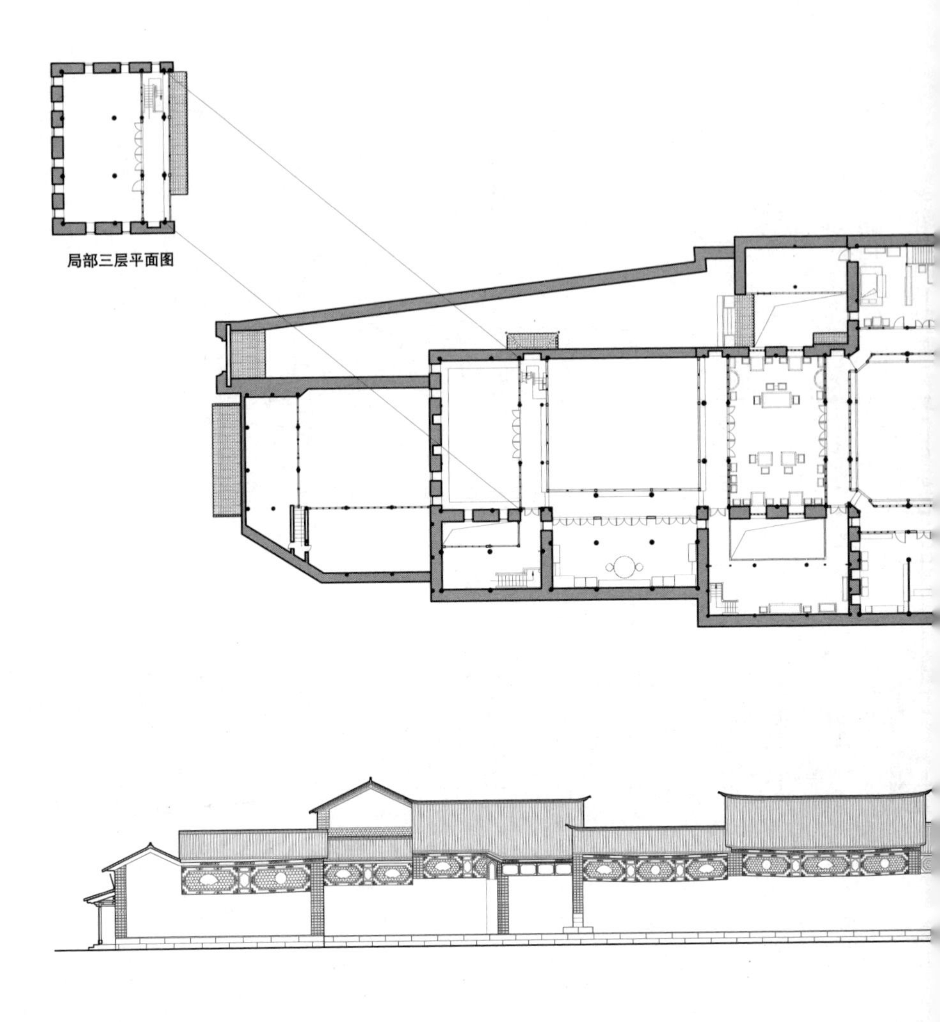
局部三层平面图

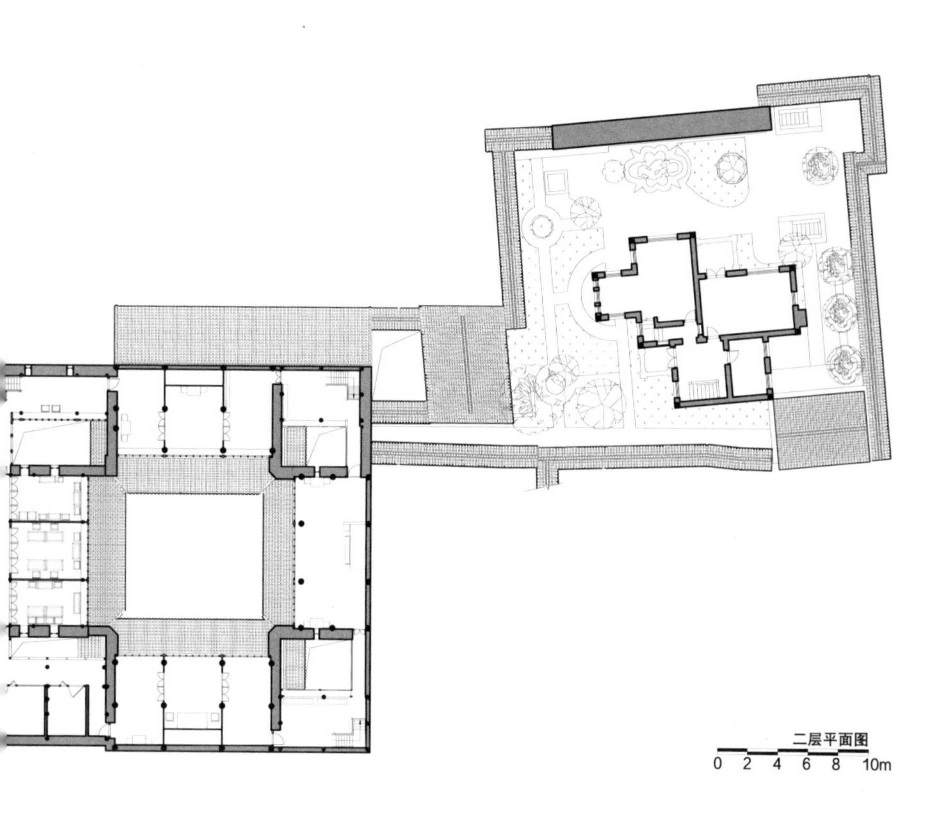

二层平面图

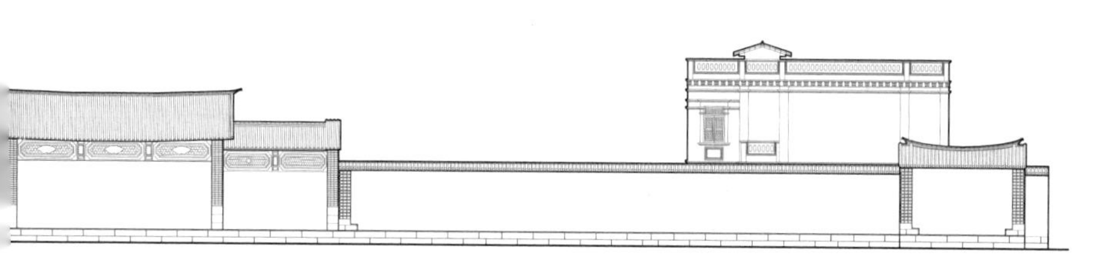

西立面图（沿街）

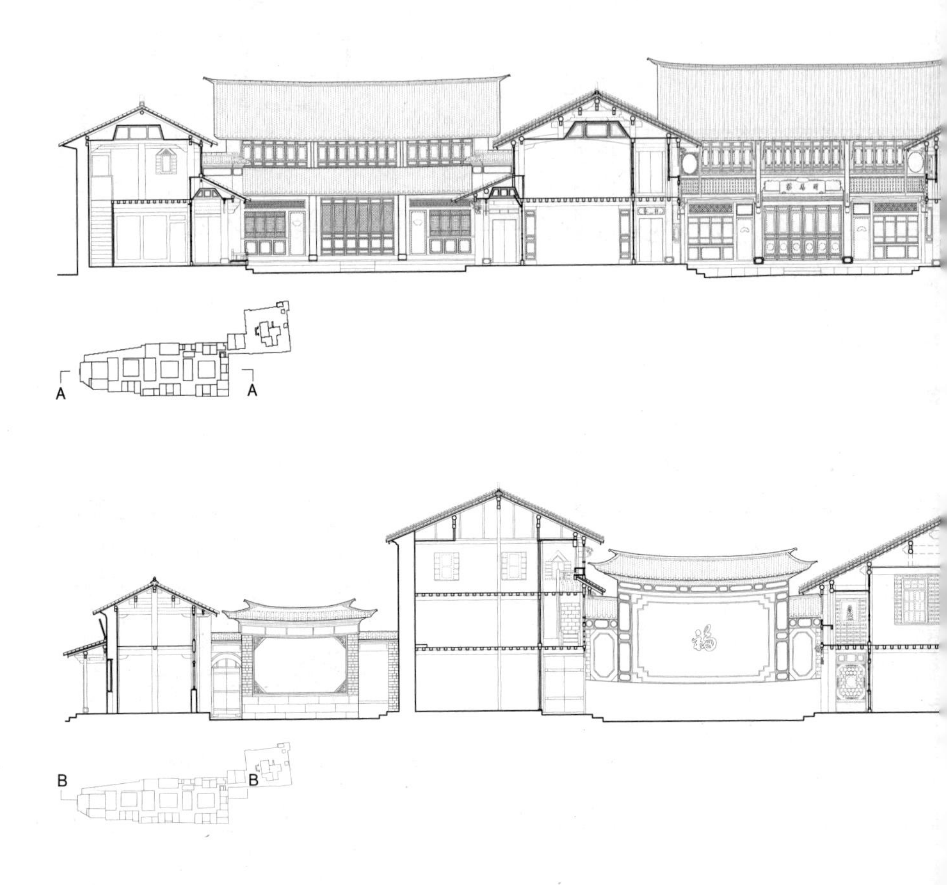
A
A
B
B

A-A 剖面图

0 1 2 3 4 5m

B-B 剖面图

0 2 4 6 8 10m

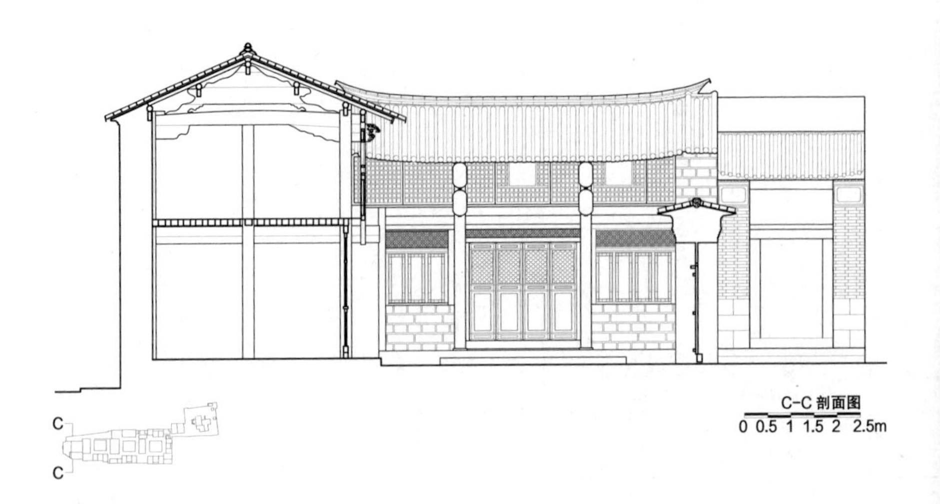

C-C 剖面图

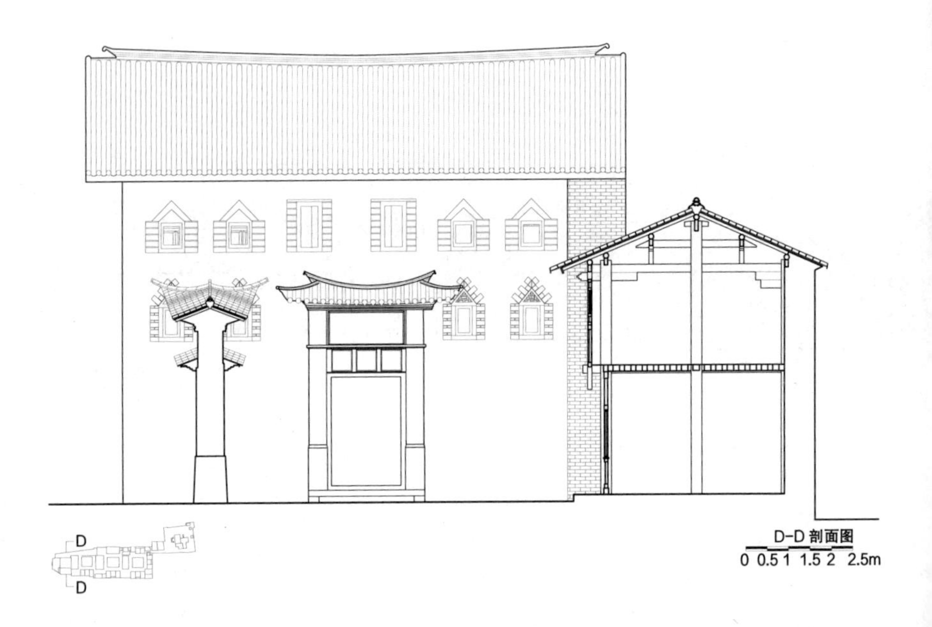

D-D 剖面图

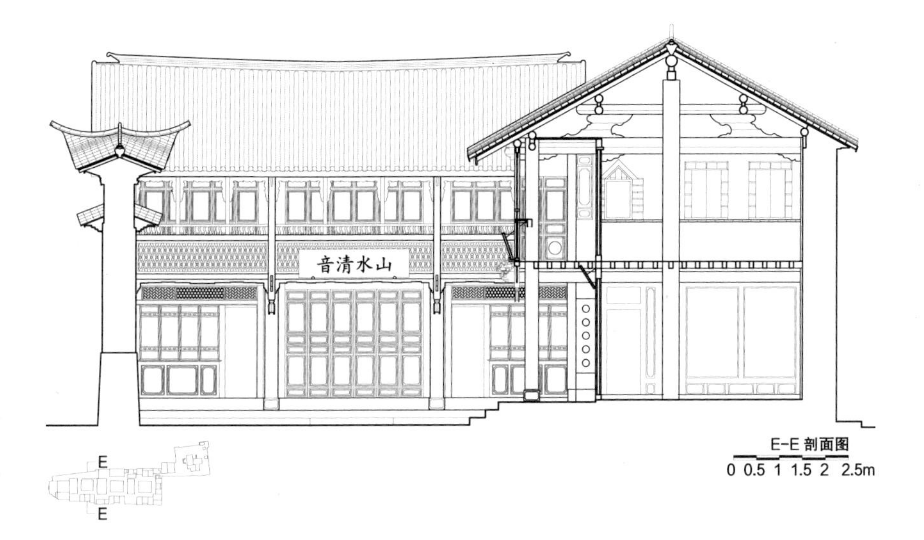

E-E 剖面图

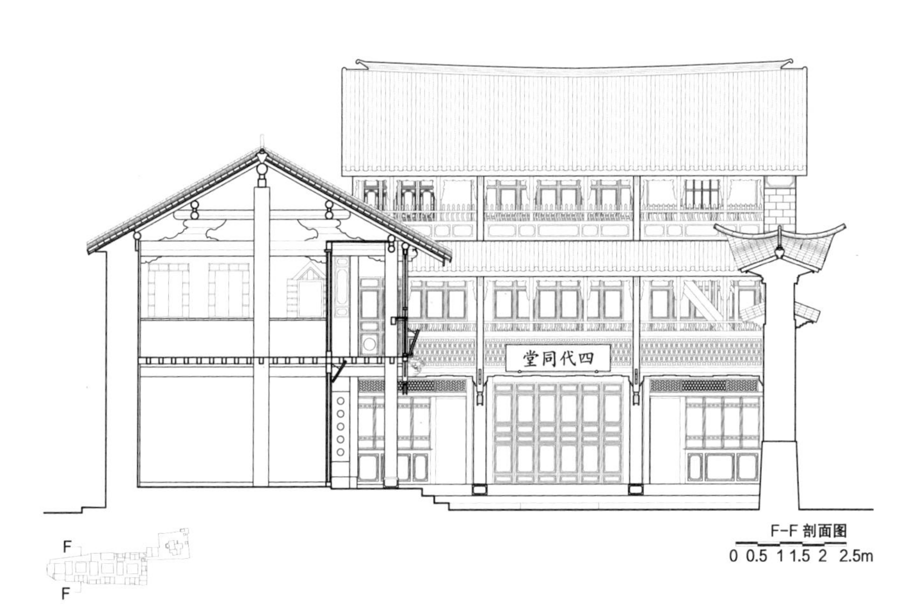

F-F 剖面图

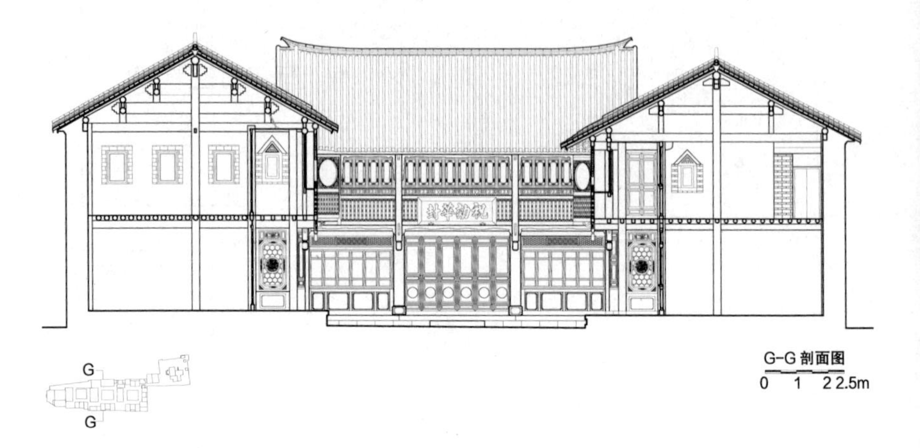
G
G
G-G 剖面图
0 1 2 2.5m

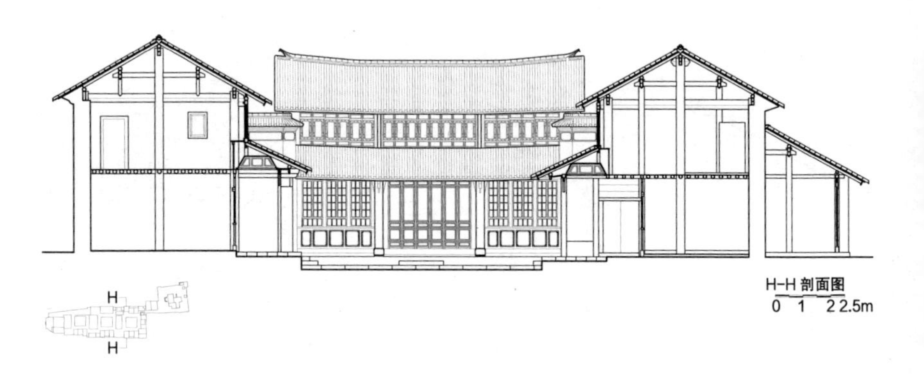
H
H
H-H 剖面图
0 1 2 2.5m

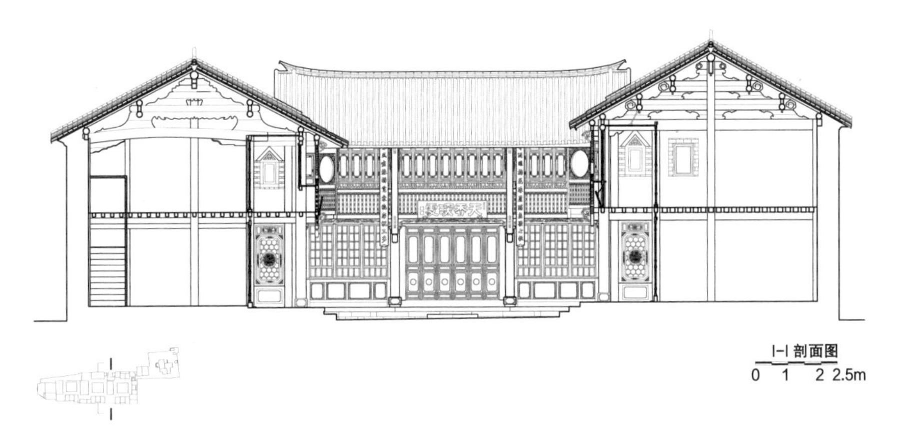

I-I 剖面图

0 1 2 2.5m

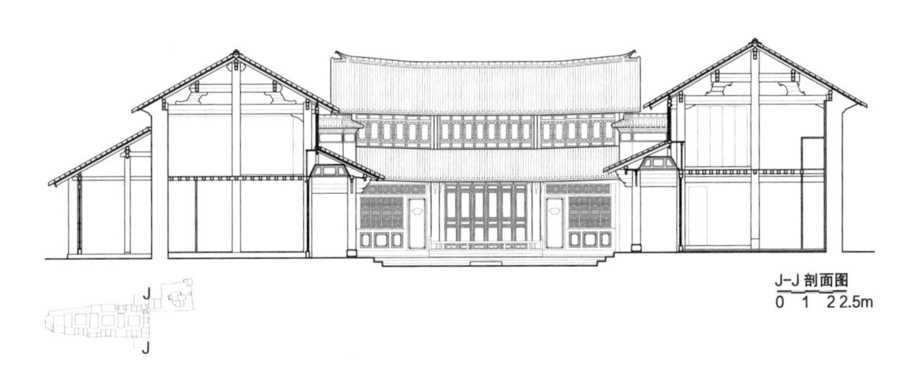

J-J 剖面图

0 1 2 2.5m

K-K 剖面图

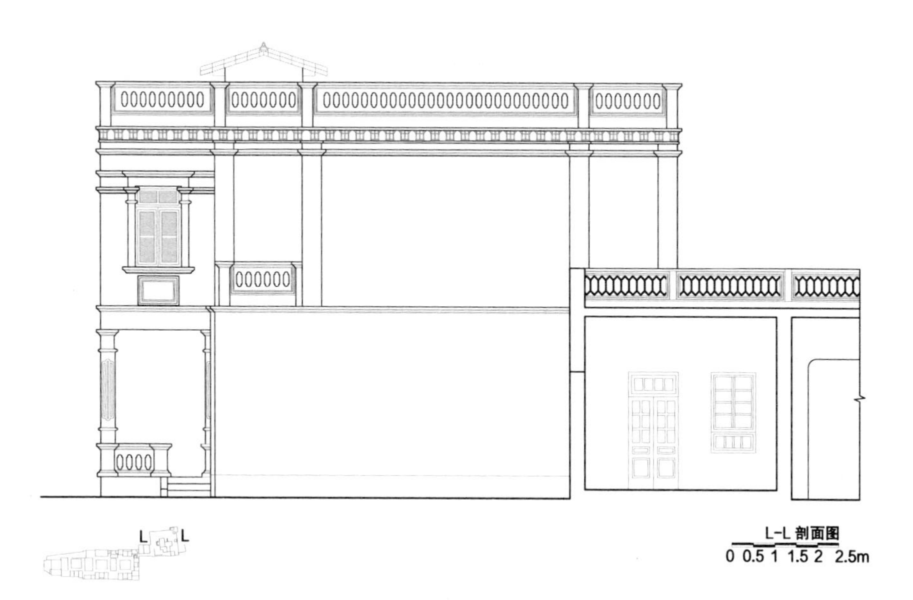
L L
L-L 剖面图
0 0.5 1 1.5 2 2.5m

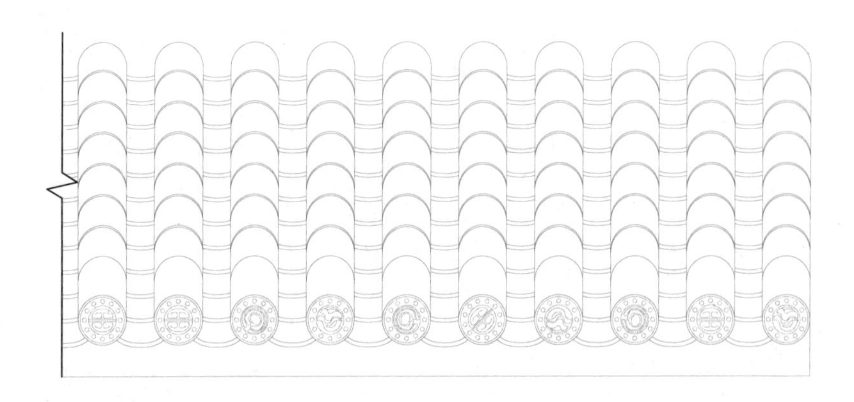

屋面正立面图

0 0.1 0.2 0.3 0.4 0.5m

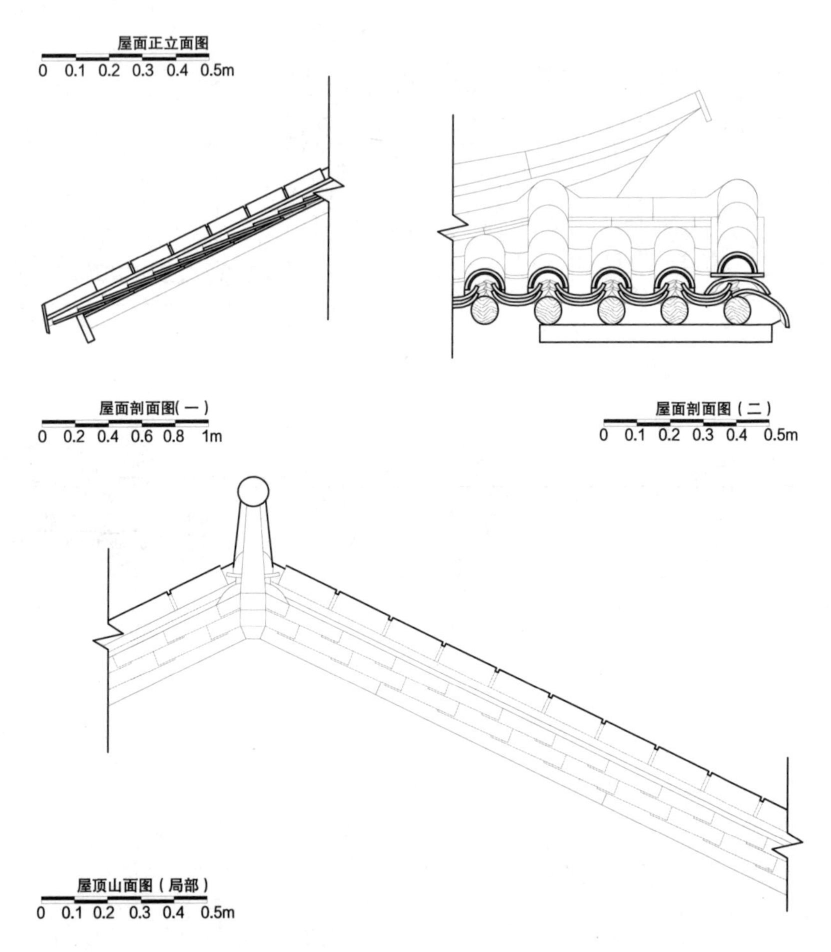

屋面剖面图(一)

0 0.2 0.4 0.6 0.8 1m

屋面剖面图（二）

0 0.1 0.2 0.3 0.4 0.5m

屋顶山面图（局部）

0 0.1 0.2 0.3 0.4 0.5m

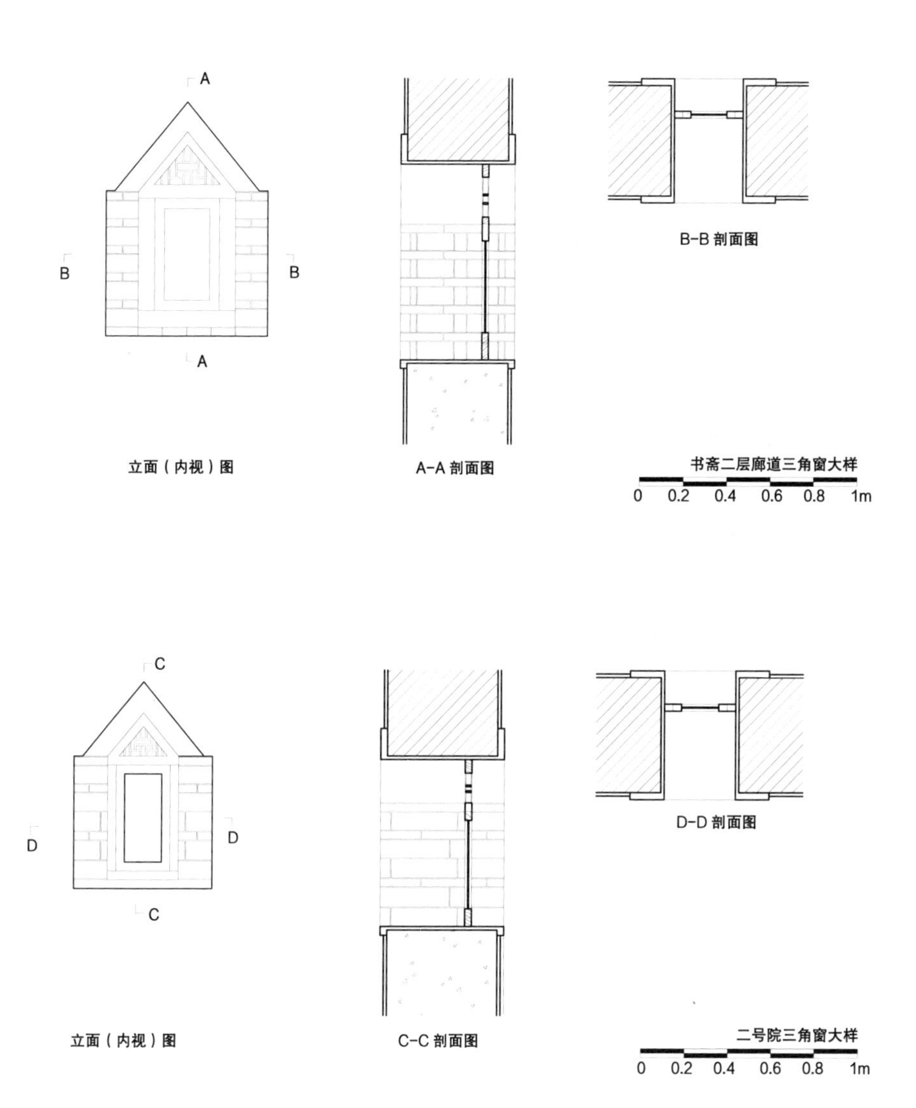
A
A
B
B
立面（内视）图
A-A 剖面图
B-B 剖面图
书斋二层廊道三角窗大样
0 0.2 0.4 0.6 0.8 1m
C
C
D
D
立面（内视）图
C-C 剖面图
D-D 剖面图
二号院三角窗大样
0 0.2 0.4 0.6 0.8 1m

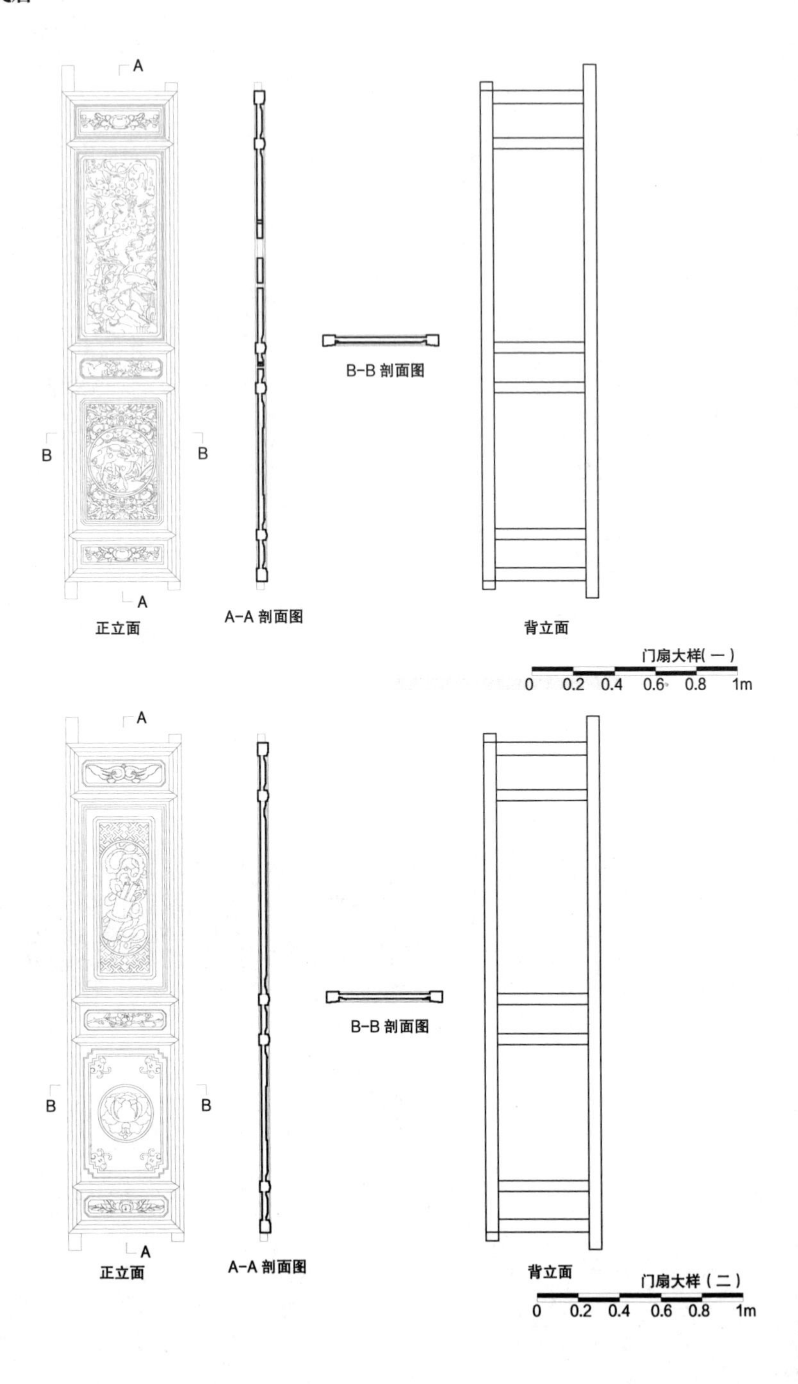
A
A
B
B
正立面
A–A 剖面图
B–B 剖面图
背立面
门扇大样(一)
0
0.2
0.4
0.6
0.8
1m
A
A
B
B
正立面
A–A 剖面图
B–B 剖面图
背立面
门扇大样(二)
0
0.2
0.4
0.6
0.8
1m

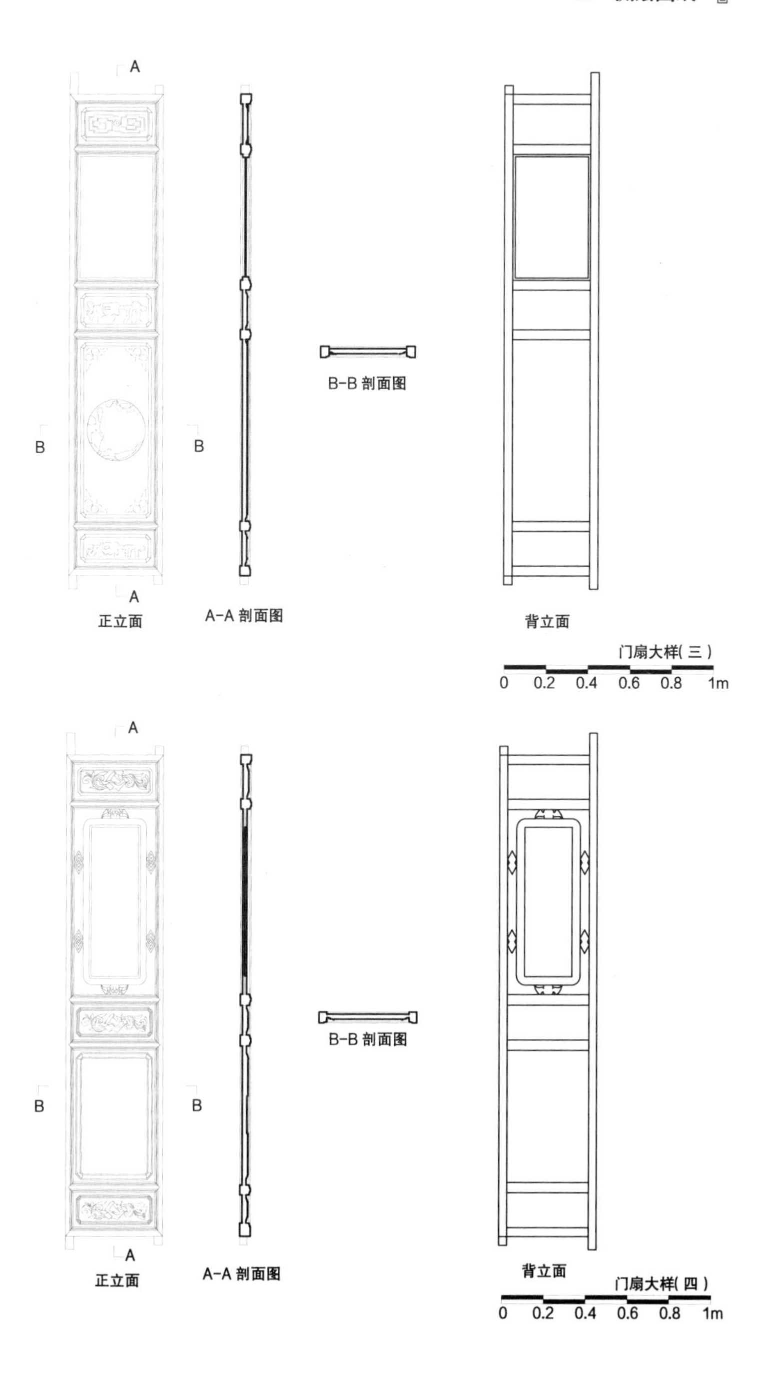
A
B
B
A
正立面
A-A 剖面图
B-B 剖面图
背立面
门扇大样(三)
0
0.2
0.4
0.6
0.8
1m
A
B
B
A
正立面
A-A 剖面图
B-B 剖面图
背立面
门扇大样(四)
0
0.2
0.4
0.6
0.8
1m

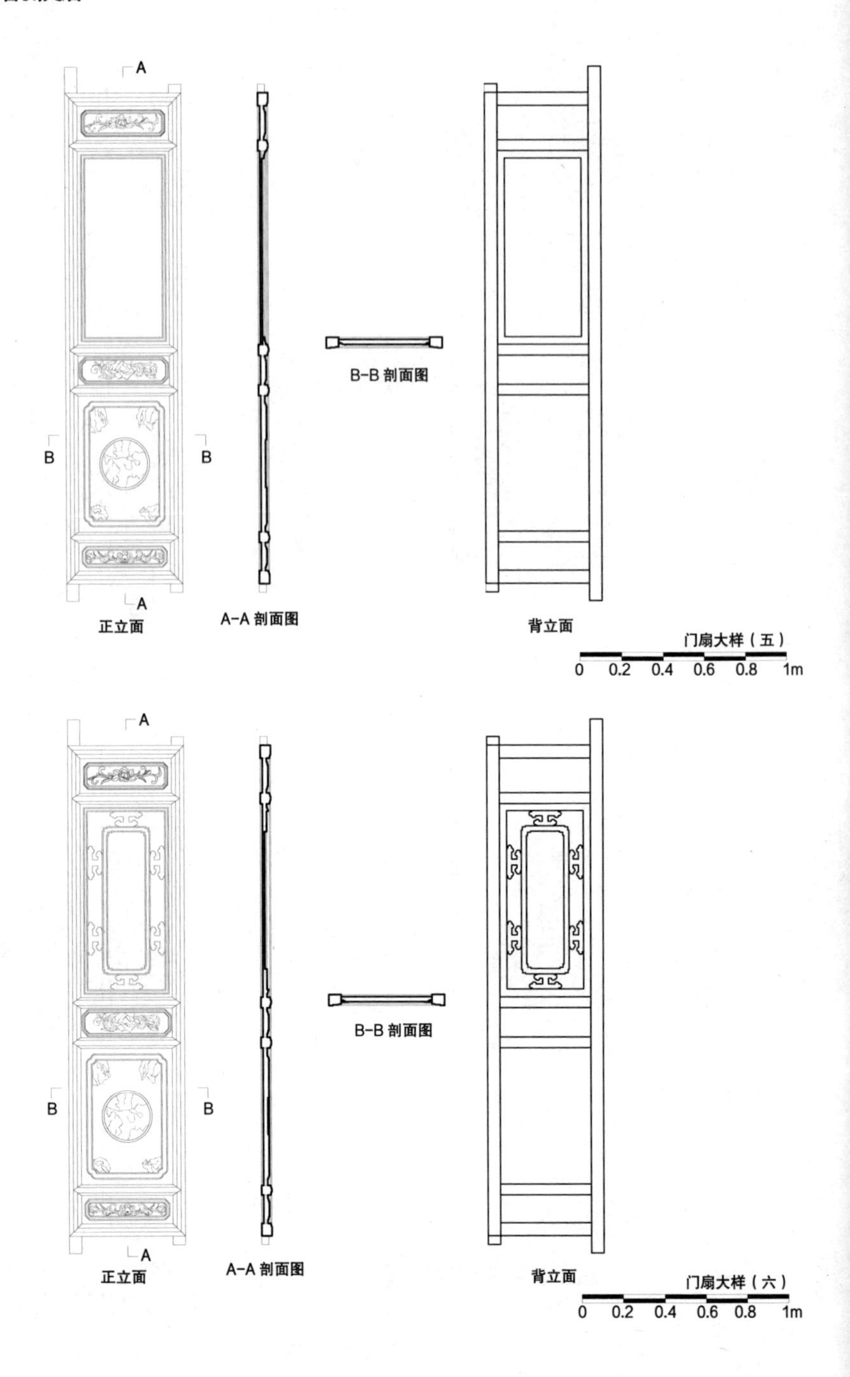
A
A
B
B
正立面
A–A 剖面图
B–B 剖面图
背立面
0
0.2
0.4
0.6
0.8
1m
A
A
B
B
正立面
A–A 剖面图
B–B 剖面图
背立面
0
0.2
0.4
0.6
0.8
1m

门扇大样（五）

门扇大样（六）

尹辅成院

YIN FU CHENG YUAN

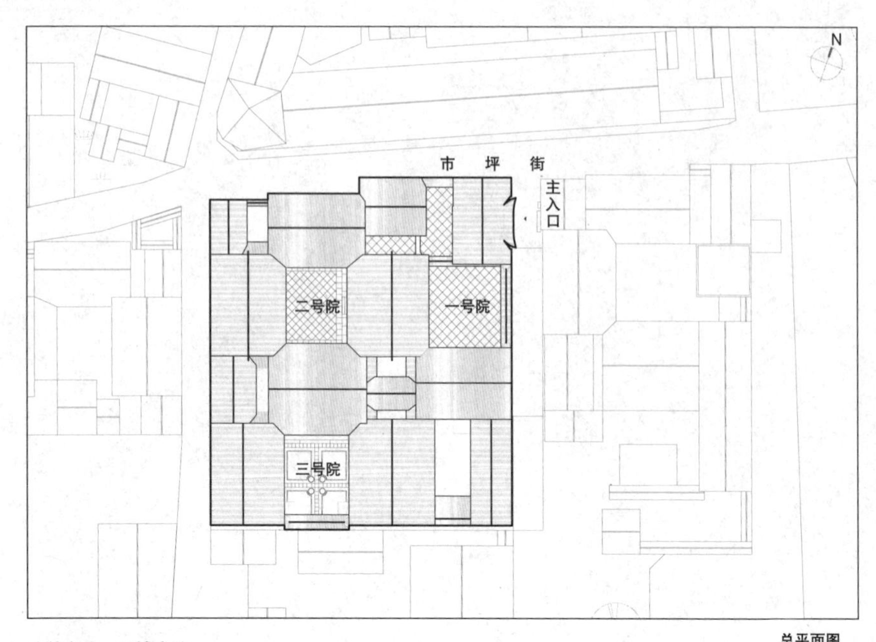

建筑名称：尹辅成院
建造年代：1939 年
建筑性质：居住建筑
现今用途：居住

尹辅成院位于喜洲古镇市坪街121号，占地约2.4亩。尹辅成是喜洲白族民族资本家，与其兄弟一起经营“复春和”商号，成为喜洲商帮“四大家”之一。建筑群由三个院落组成：一号、三号院为“三坊一照壁”，二号院为“四合五天井”，是研究白族民居很好的代表。

建筑大门是三滴水贴立式门楼，二门使用大理石和花岗石，运用简洁的几何形体形成装饰图案，显示其受西方建筑文化的影响。

一号院正房三间两层，三架八行，东面是土库房形式，两侧窗洞上部为三角形，西面是带雨水柱的挂厦楼。南侧厢房为三间两层，三架七行挂厦楼。进入二层，前后大插与前后京插穿起前后檐柱、中柱拉结成一榀榀屋架，中柱的上皮与垛子方相交。

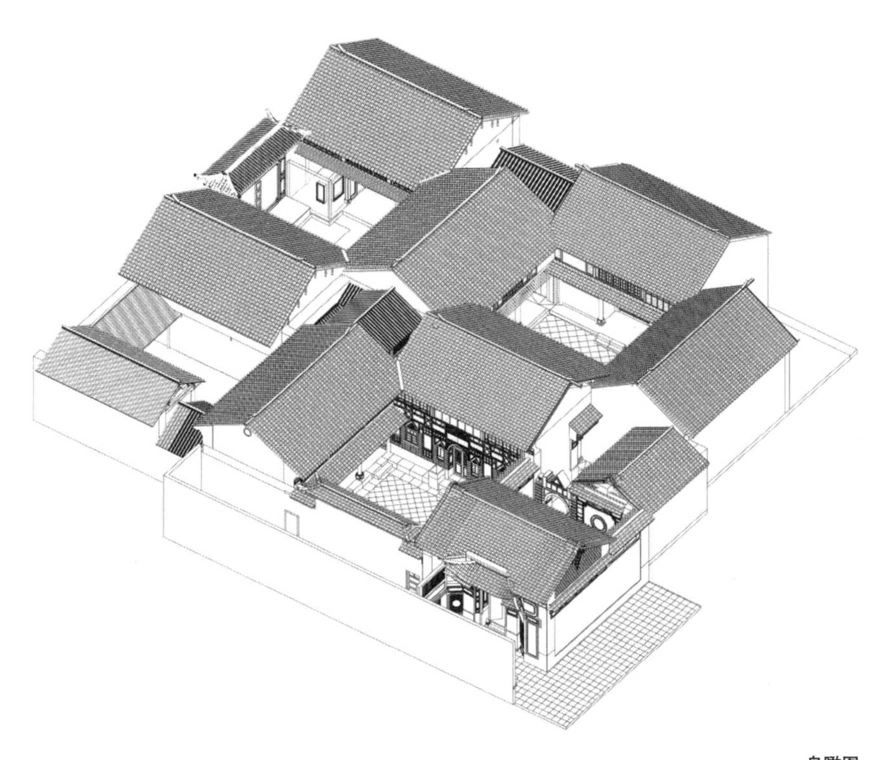

鸟瞰图

二号院与一号院共同组成“六合同春”布局，四坊皆是三间两层，设前廊，带雨水柱的挂厦楼。南厢房兼作三号院北厢房（两面亲）五架九行，两面挂厦，共由六步架组成，木构架体量相对较大。

三号院正房三间二层，带雨水柱的挂厦楼。门窗装饰精美，明间的六扇六抹隔扇裙板上有精致的雕刻图案。

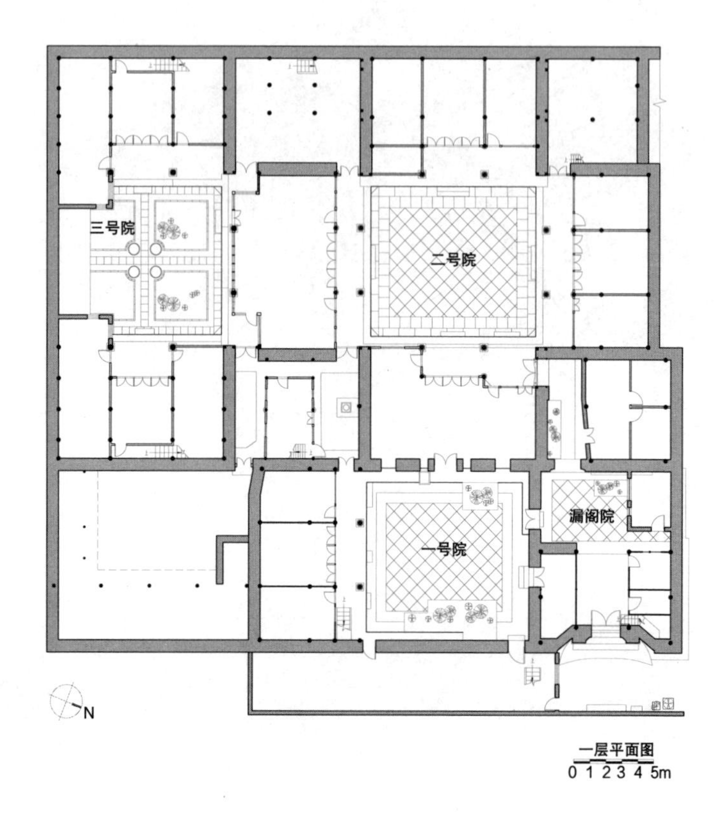
三号院
二号院
一号院
漏阁院
N
一层平面图
0 1 2 3 4 5m

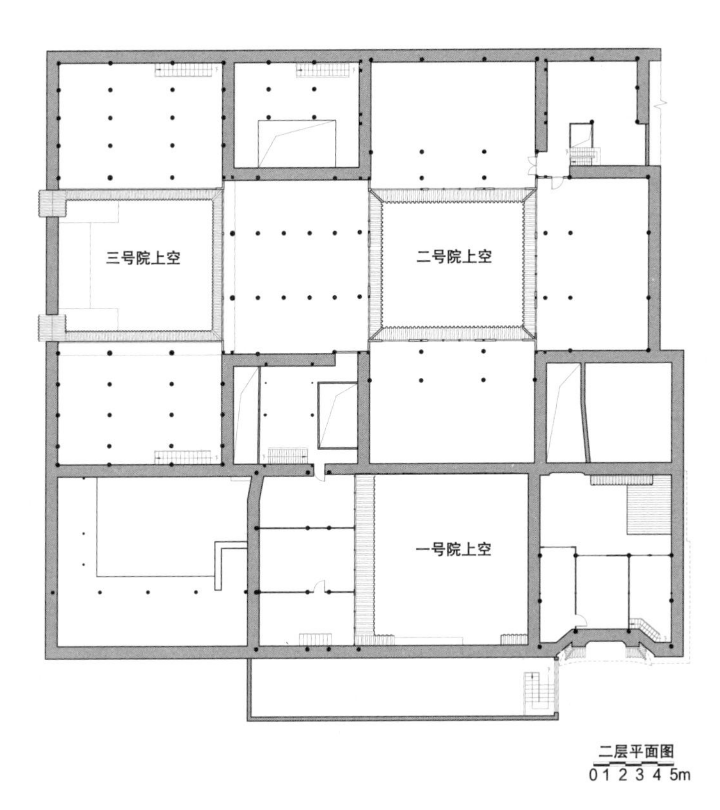
三号院上空
二号院上空
一号院上空
二层平面图
0 1 2 3 4 5m

A
A
B
B

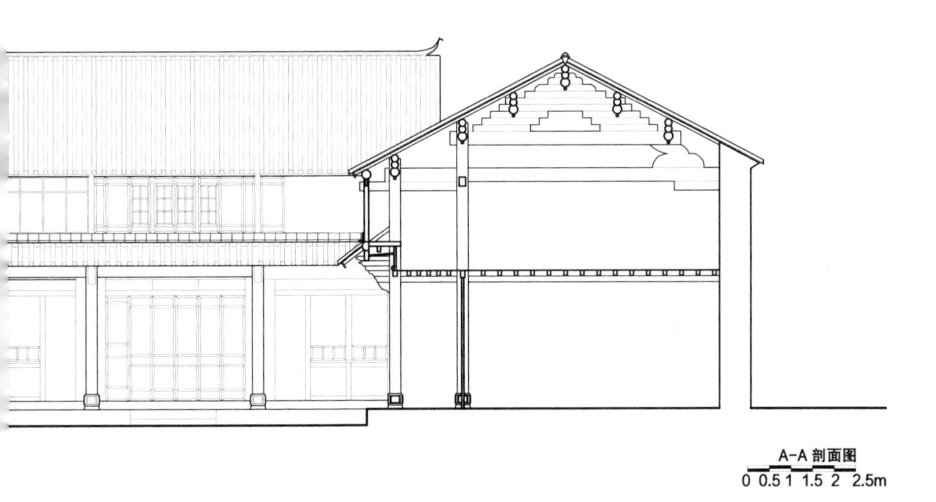

A-A 剖面图

0 0.5 1 1.5 2 2.5m

B-B 剖面图

0 0.5 1 1.5 2 2.5m

C
C
D
D

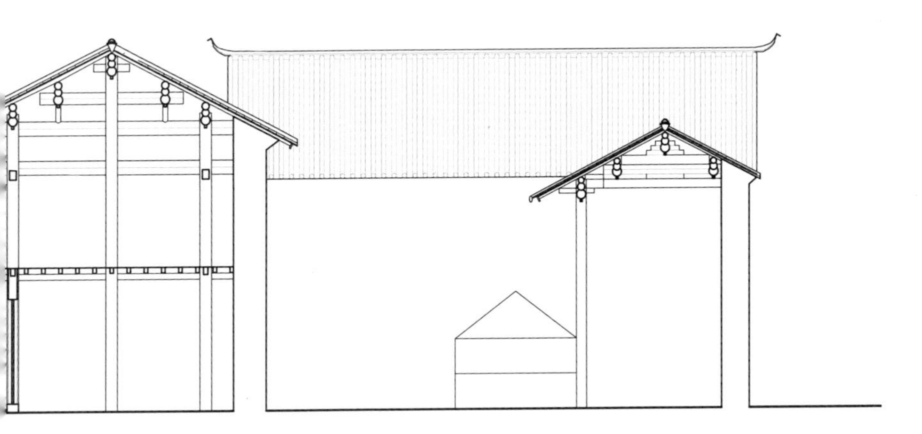

C-C 剖面图

0 0.5 1 1.5 2 2.5m

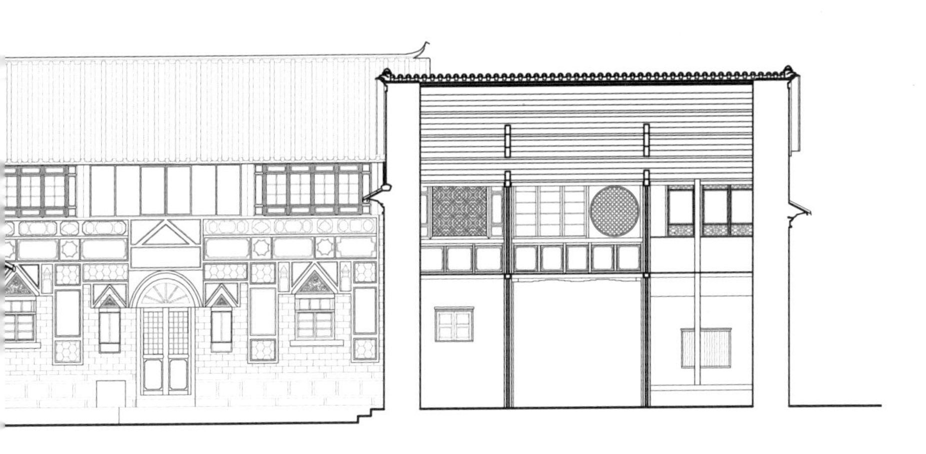

D-D 剖面图

0 0.5 1 1.5 2 2.5m

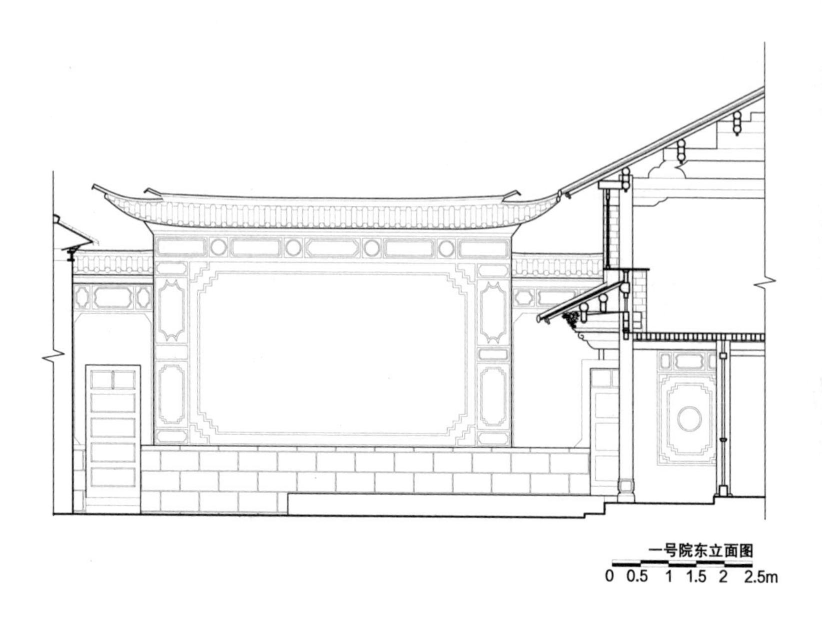

一号院东立面图

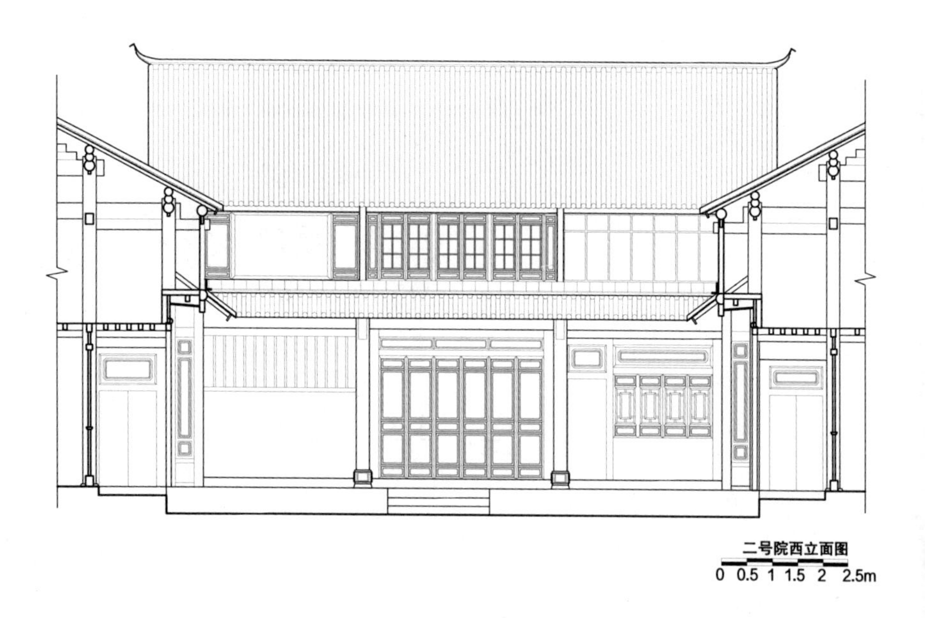

二号院西立面图

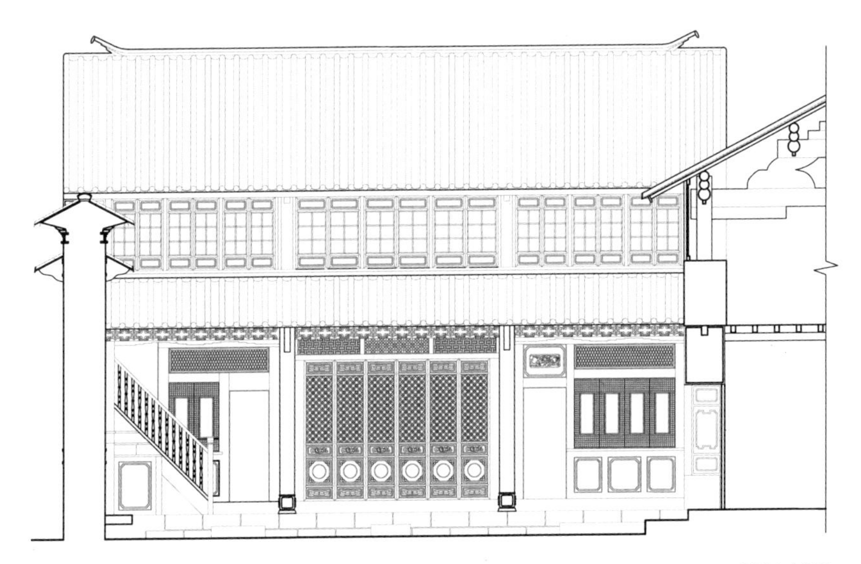

一号院南立面图

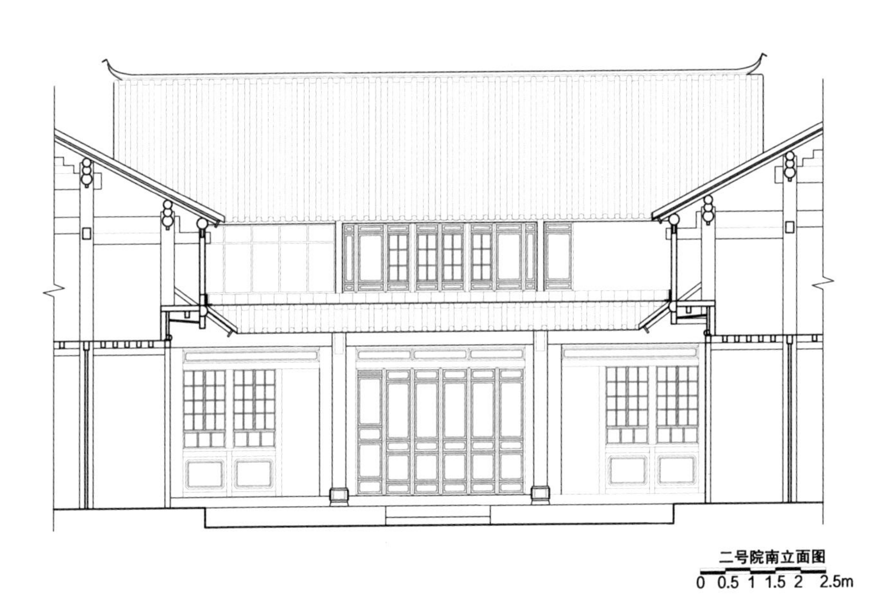

二号院南立面图

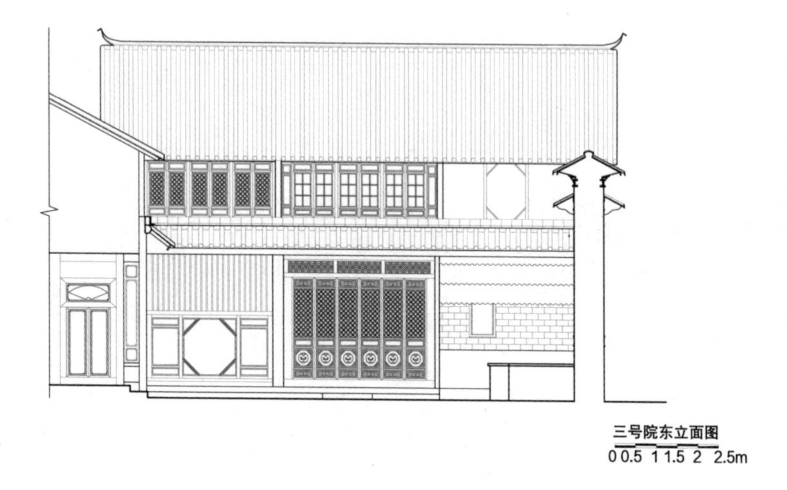

三号院东立面图
0 0.5 1 1.5 2 2.5m

三号院北立面图
0 0.5 1 1.5 2 2.5m

漏阁院东立面图

0 0.5 1 1.5 2 2.5m

漏阁院南立面图

0 0.5 1 1.5 2 2.5m

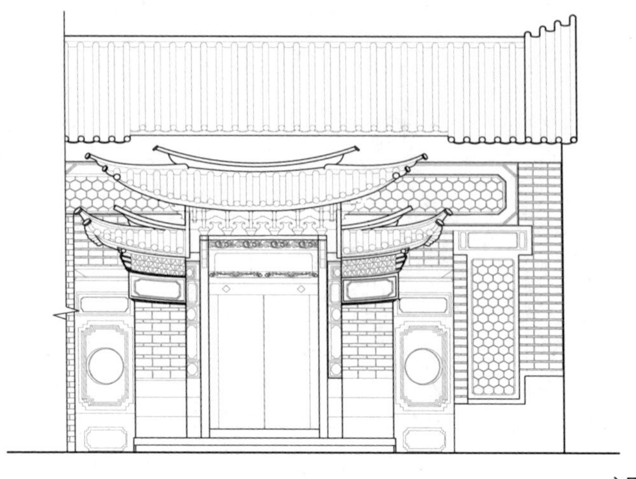

入口立面图

0 0.5 1 1.5 2 2.5m

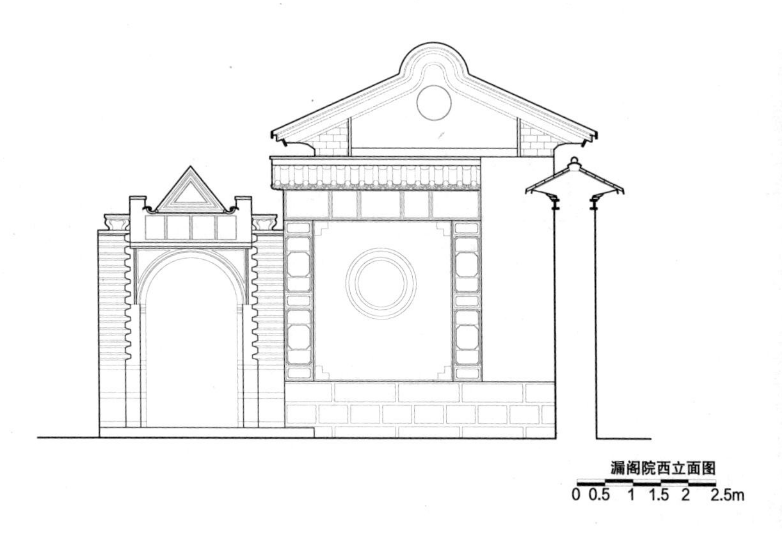

漏阁院西立面图

0 0.5 1 1.5 2 2.5m

建筑名称：赵廷俊府
建造年代：1839 年
建筑性质：居住建筑
现今用途：居住

总平面图
0 2 4 6 8 10m

清嘉庆进士赵廷俊的府邸被称之为“赵府”，位于喜洲古镇大界巷21号。赵廷俊，1804年中举人，1805年中进士，与其子赵甲南为“父子举人”。赵家是喜洲的名门望族，先祖赵铎为南诏清平官。赵府一进四院，取谐音“进士”之意，又称为“五重堂”，是一座体量大、构造复杂的民居建筑群，东西约60米，南北约24米，占地约为2.2亩。

四院正房皆坐西朝东，三间二层，东面都为土库房形式，其西面出前廊，是带雨水柱明楼浅骑厦的构造形式。四进院落通过南北厢房的廊子串联，近似于廊院式组合，在喜洲地区极为少见。该建筑目前部分厢房已损毁，局部被改建。

鸟瞰扫描图

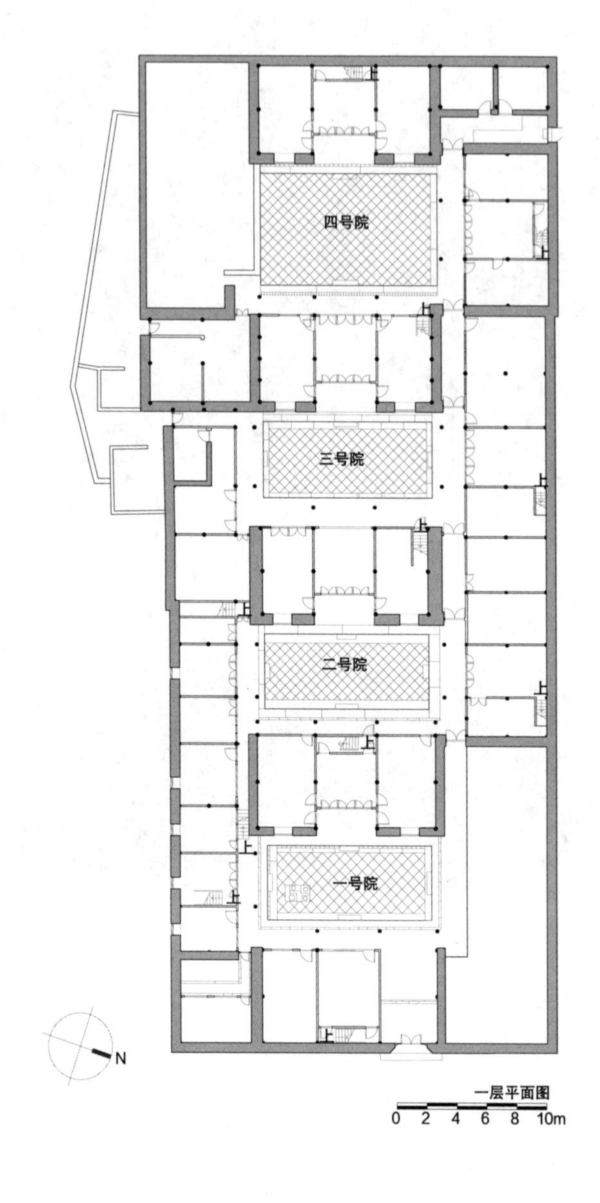
四号院
三号院
二号院
一号院
上
N
一层平面图
0 2 4 6 8 10m

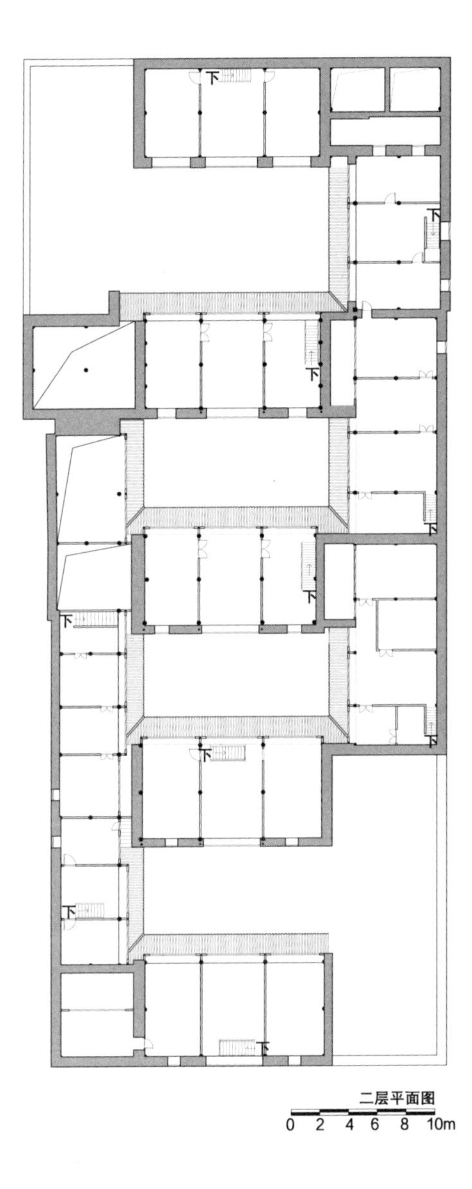
下
下
下
下
下
下
下
下
下
下
二层平面图
0 2 4 6 8 10m

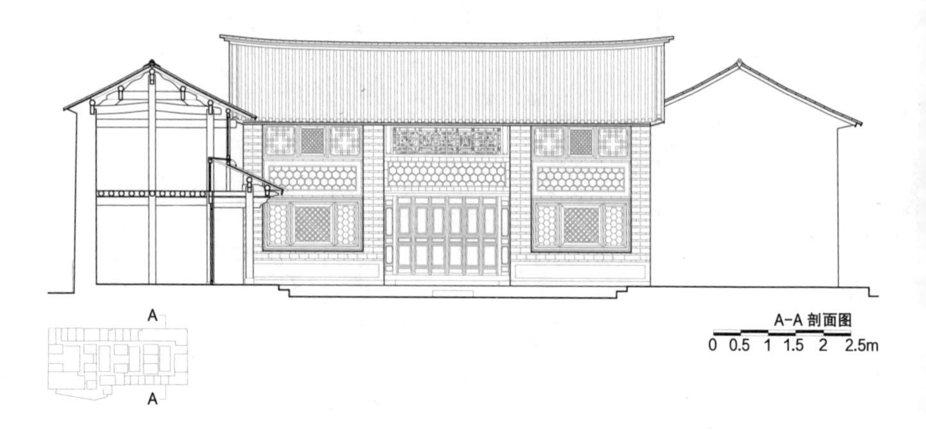
A
A
A-A 剖面图
0 0.5 1 1.5 2 2.5m

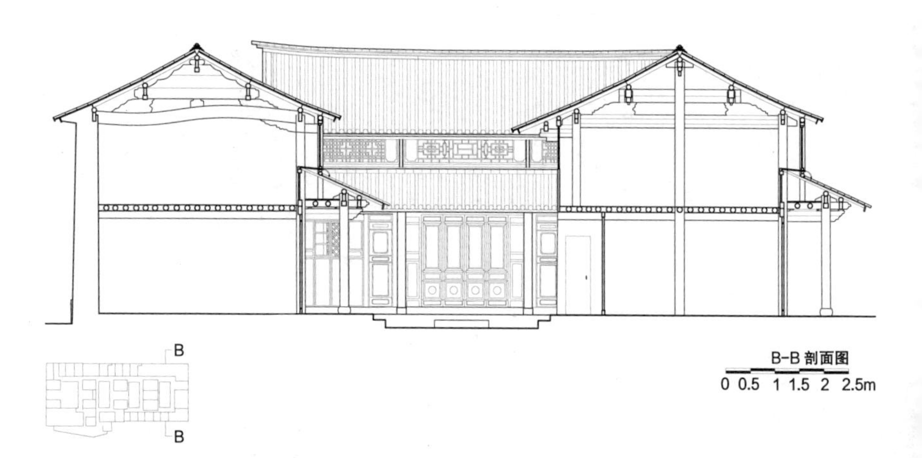
B
B
B-B 剖面图
0 0.5 1 1.5 2 2.5m

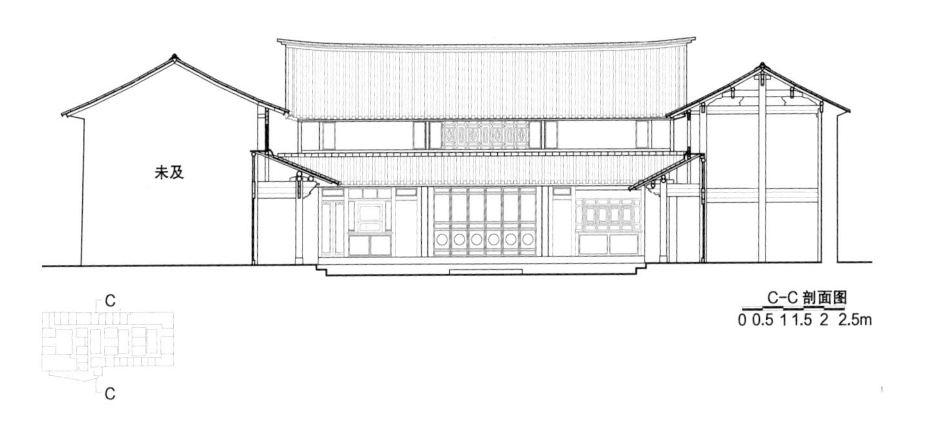
未及
C
C
C-C 剖面图
0 0.5 1 1.5 2 2.5m

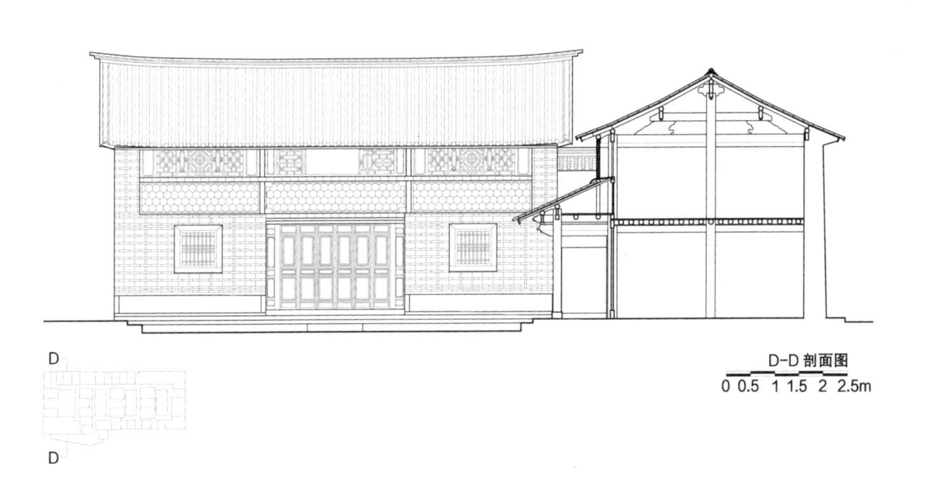
D
D
D-D 剖面图
0 0.5 1 1.5 2 2.5m

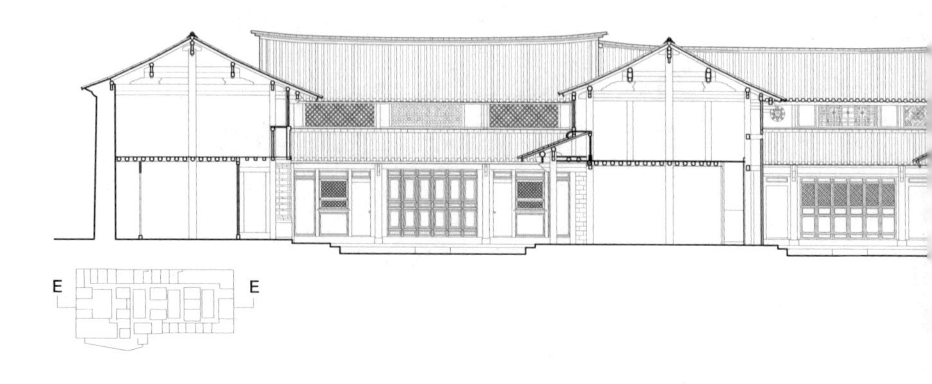
E
E

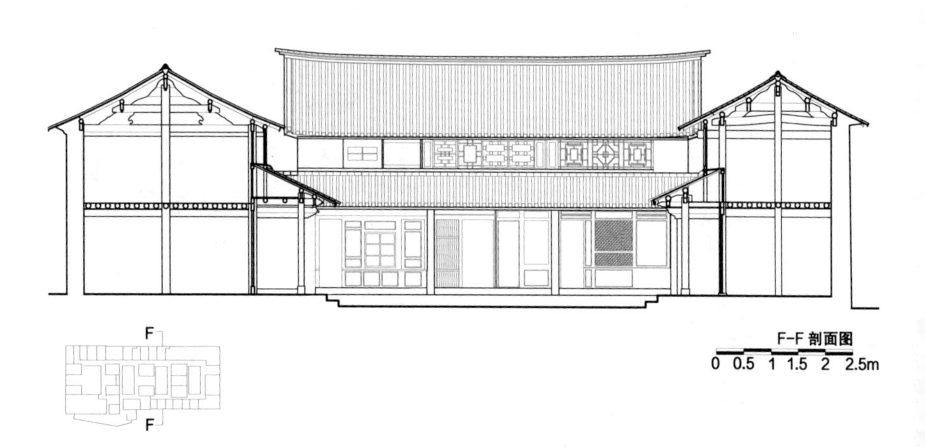
F
F
F-F 剖面图
0 0.5 1 1.5 2 2.5m

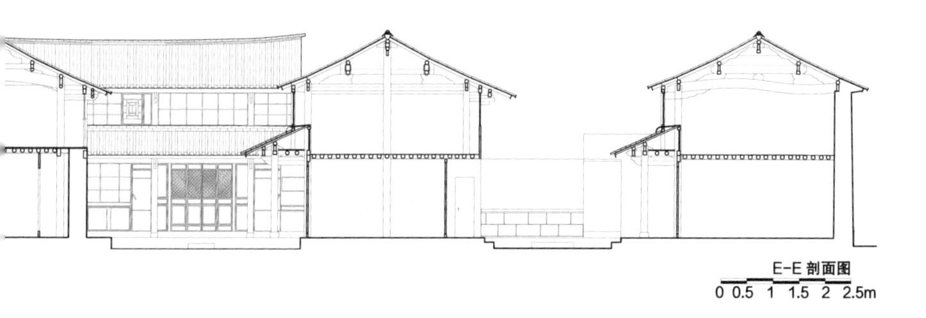
E-E 剖面图
0 0.5 1 1.5 2 2.5m

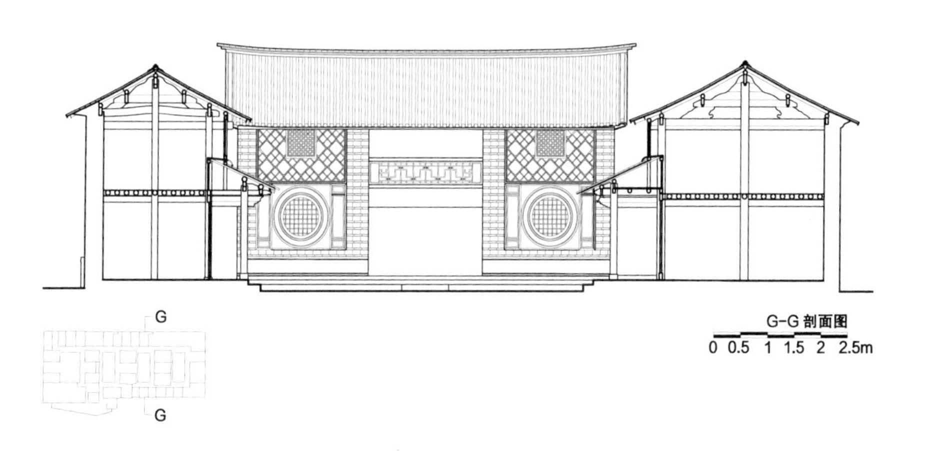
G-G 剖面图
0 0.5 1 1.5 2 2.5m
G
G

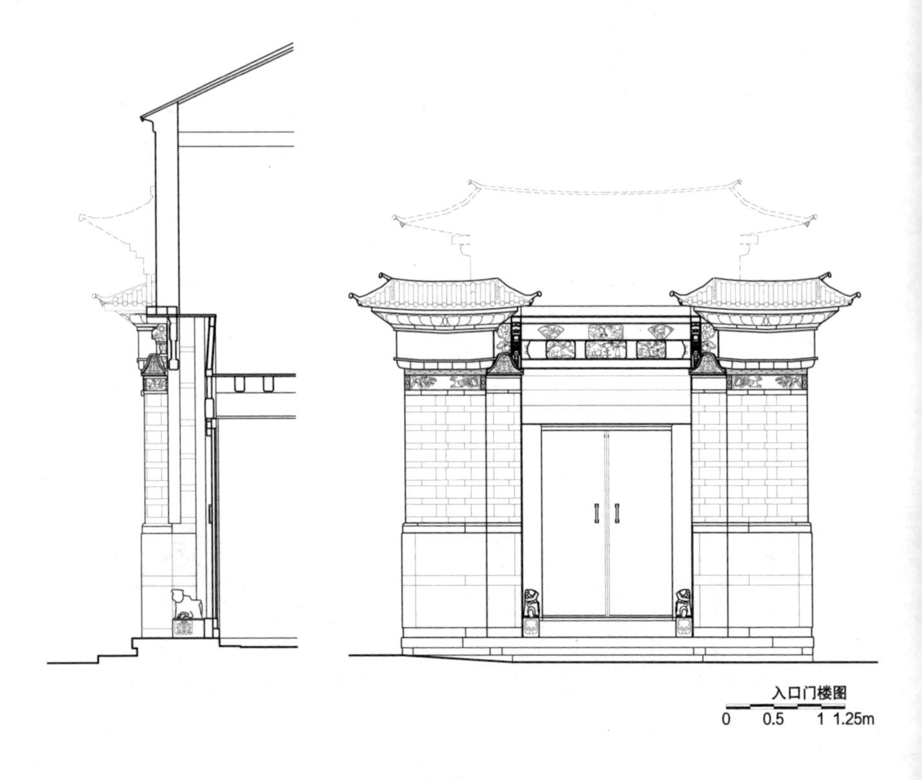

入口门楼图

杨贵贤院

YANG GUI XIAN YUAN

建筑名称：杨贵贤院
建造年代：1945 年
建筑性质：居住建筑
现今用途：居住

杨贵贤宅位于喜洲古镇大界巷39号，与东安门相邻，建于1945年，为三坊一照壁院落，主房坐西朝东。该宅南北26米，东西20米，占地0.75亩。大门采用圆拱券、涡卷、柱式以及如意纹等类似西方巴洛克装饰风格，临街山面设露天阳台，形成进退错落生动的沿街外观，富有特色。内部三坊，皆面宽三间，为民国时期常用的走廊楼，外檐柱直通两层，空间高敞明亮。南、北两坊明间木构架采用弯曲大过梁和层层垒叠的垛子枋，具有装饰性。楼梯设在西、南两坊交接处，弧形转折向上，便利舒适。

内院实景（一）

内院实景（二）

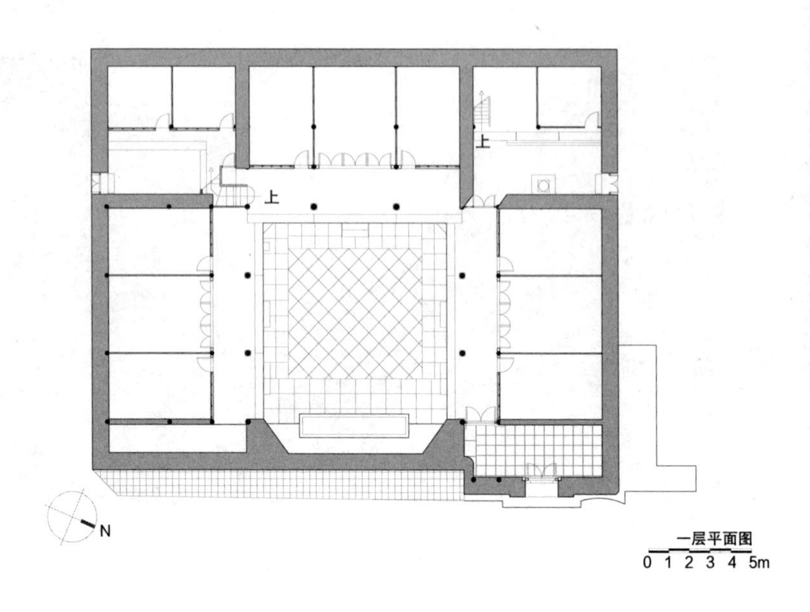
上
上
上
N
一层平面图
0 1 2 3 4 5m

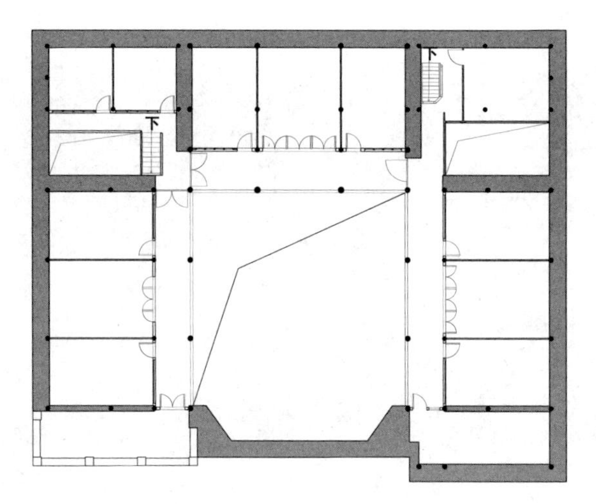
下
下
二层平面图
0 1 2 3 4 5m

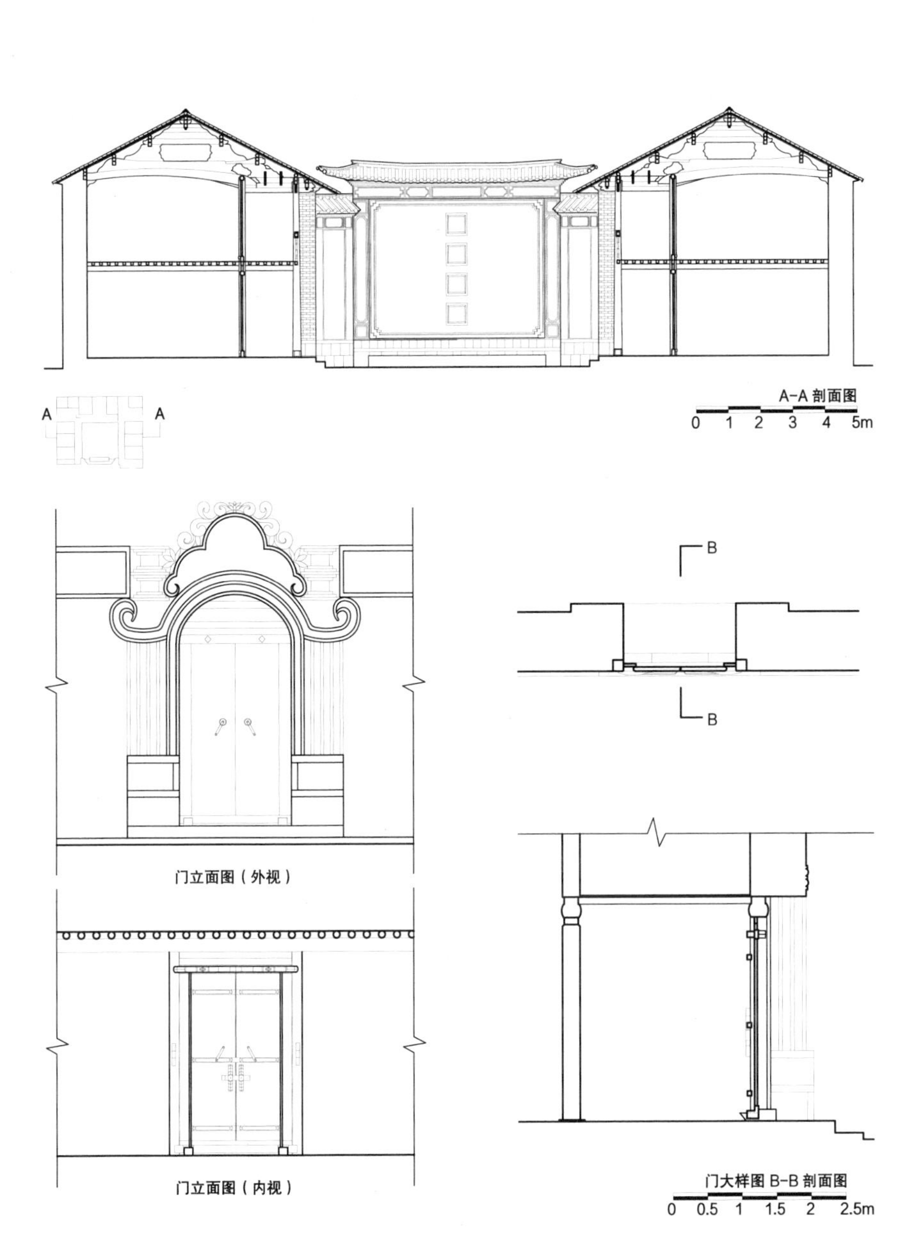

A-A 剖面图

门立面图（外视）

门立面图（内视）

门大样图 B-B 剖面图

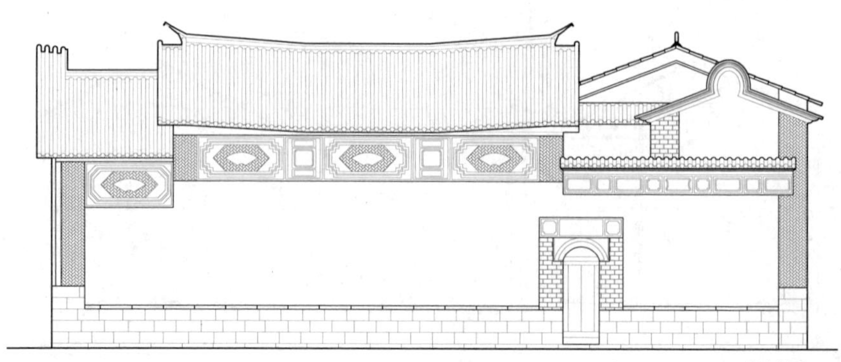

北立面图

0 1 2 2.25m

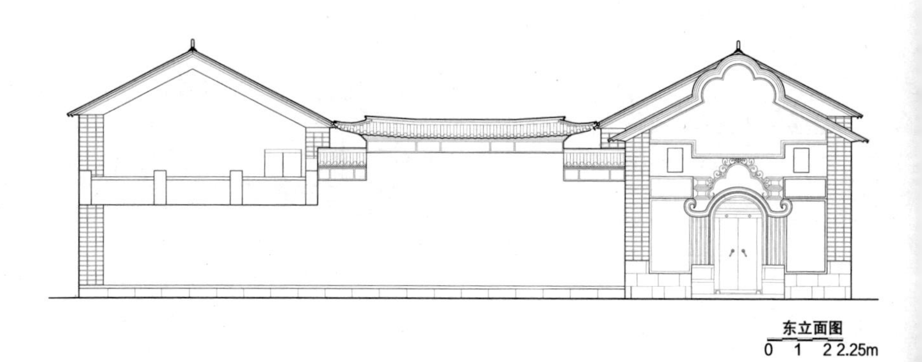

东立面图

0 1 2 2.25m

杨林院

YANG LIN YUAN

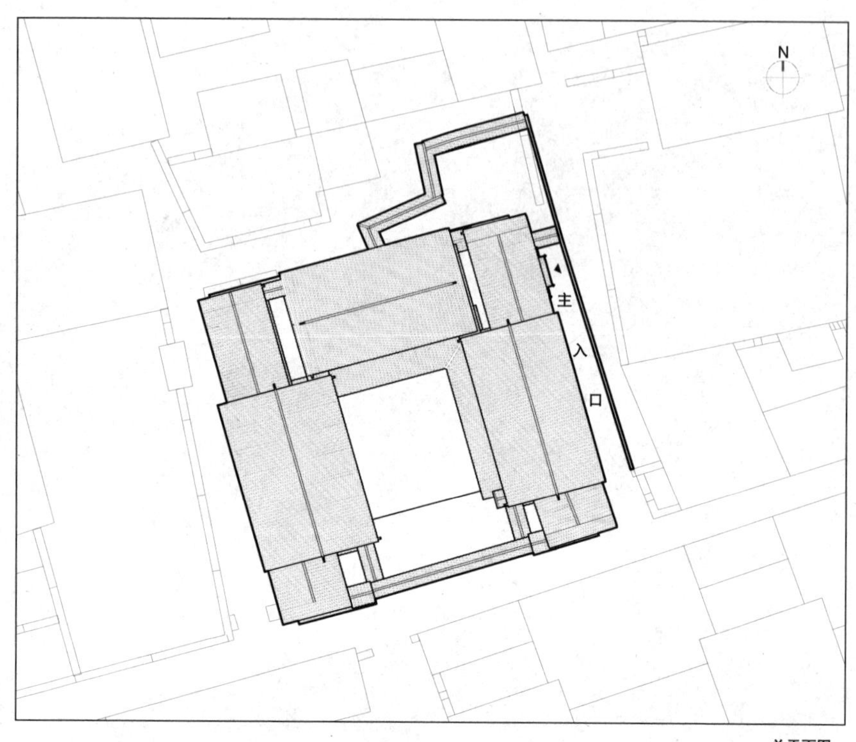

建筑名称：杨林院
建造年代：不祥
建筑性质：居住建筑
现今用途：居住

杨林院位于大界巷与市户街交叉口附近的小巷里，由三坊、耳房和天井院组成，布局方正，长、宽皆22米左右，占地0.75亩。整体布局独特，似是四合五天井残缺其南坊所致。正房是土库房，坐西朝东，石墙、砖面、木窗虚实有度，比例匀称，做工精道，均遵从白族传统建筑规制。北、东坊皆三间，为带水柱的明楼浅骑厦，下层出厦宽大深远。此宅建筑保存较好，庭院绿意盎然，雅静舒适。

鸟瞰图

内院实景

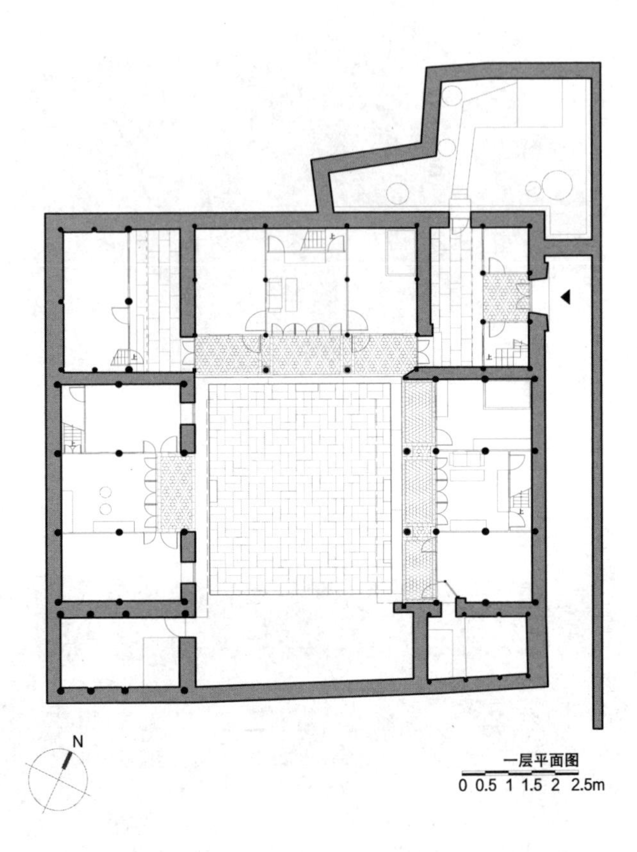

上
N
一层平面图
0 0.5 1 1.5 2 2.5m

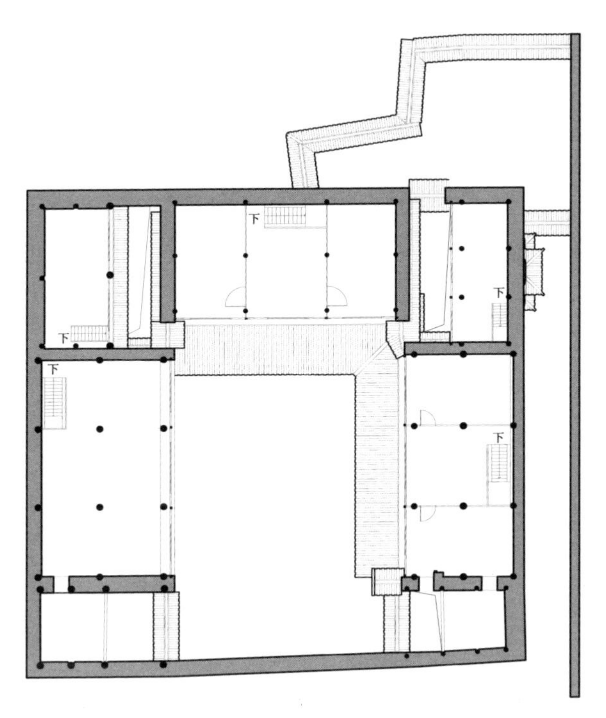

二层平面图

0 0.5 1 1.5 2 2.5m

A
A
A-A 剖面图
0 1 2 3 4 5m

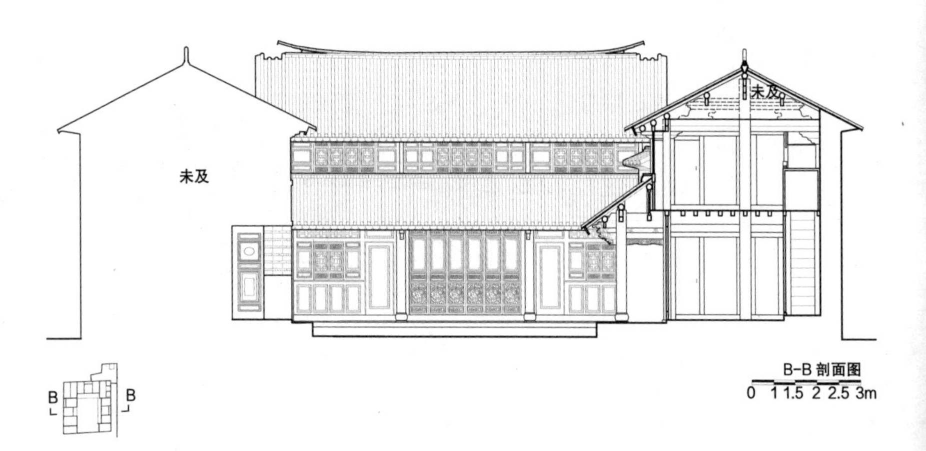
未及
未及
B
B
B-B 剖面图
0 1 1.5 2 2.5 3m

尹寿卿院

YIN SHOU QING YUAN

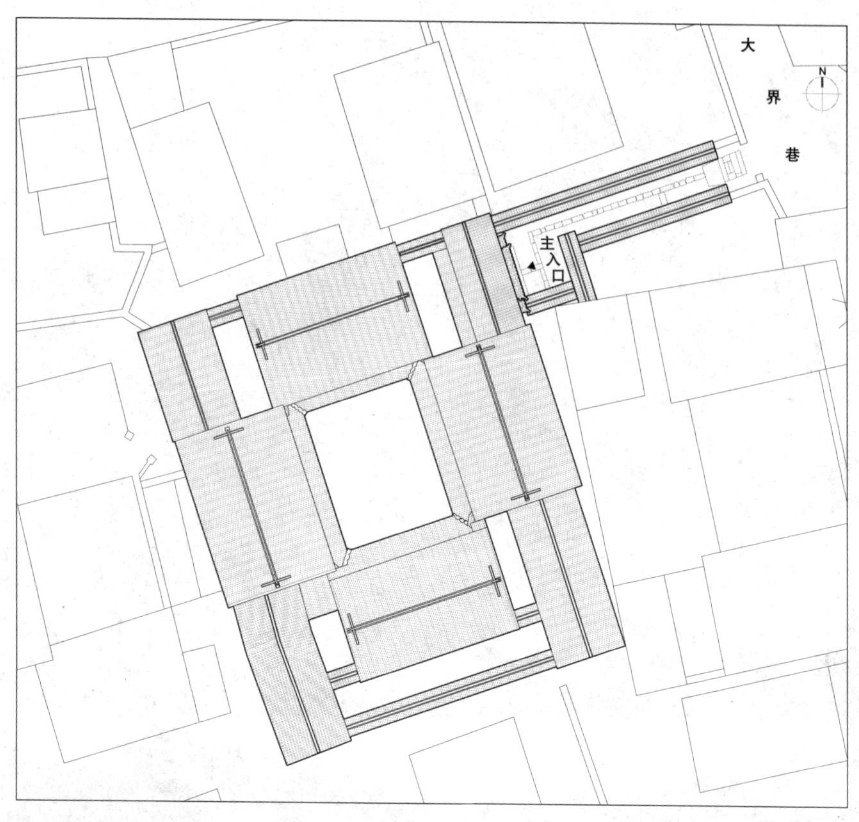

建筑名称：尹寿卿院
建造年代：清末
建筑性质：居住建筑
现今用途：居住

尹寿卿院位于大界巷34号，主体为“四合五天井”，南侧有宅间隙地小院一处。南北长30米，东西宽25米，占地约1.1亩。由大界巷沿着石板小巷转入至入口大门前，门前设照壁。大门是三滴水的贴立式门楼，雕刻图案精美，刀法细腻。四坊皆三间两层，底层出厦，为带雨水柱的明楼浅骑厦建筑，主体木构架皆为三架六行。该宅廊柱直径约260毫米，高2.64米，比例粗大浑圆。二层的窗户多有雕刻，古朴统一。

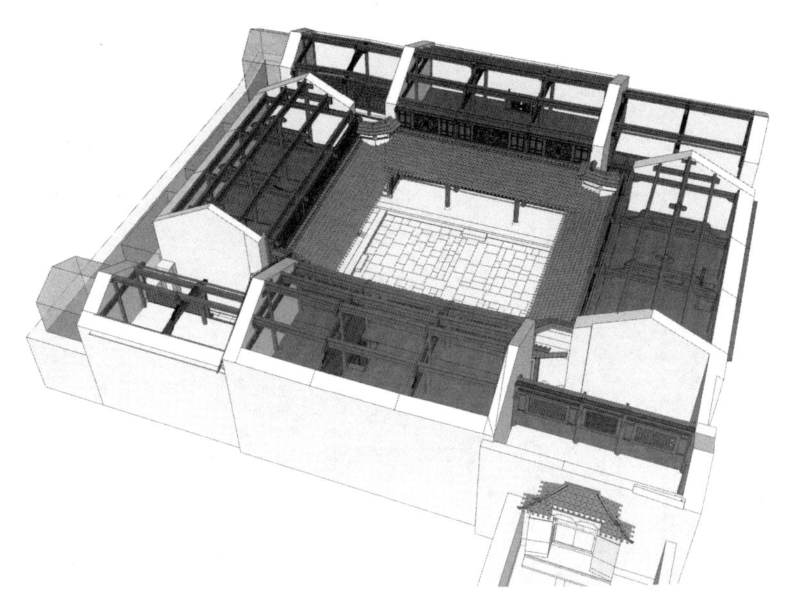

鸟瞰剖透视图

内院实景

喜洲民居

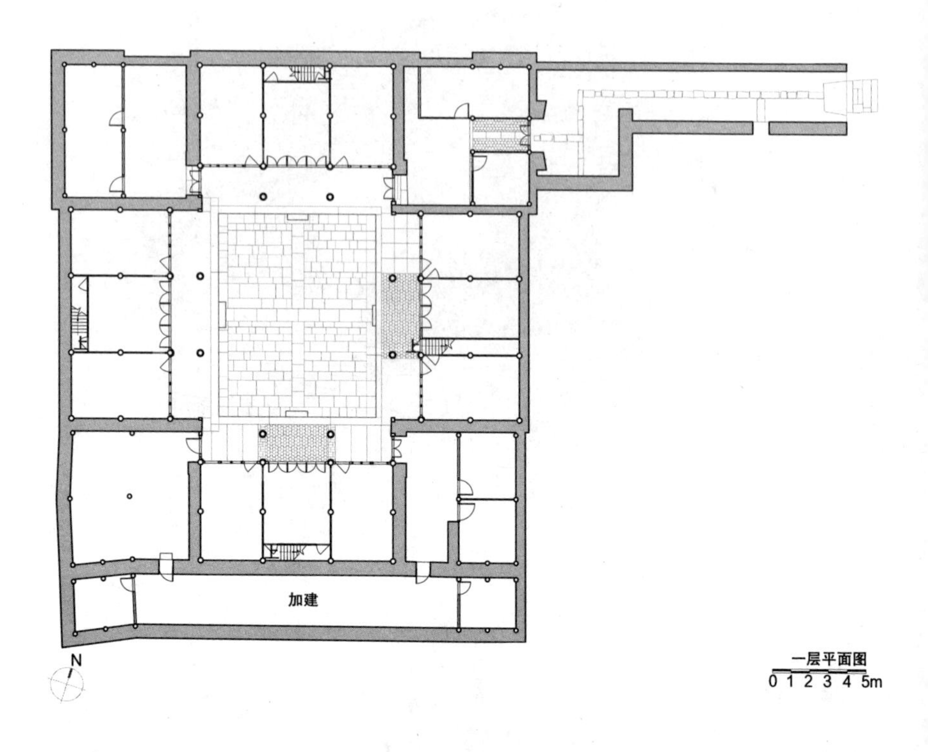

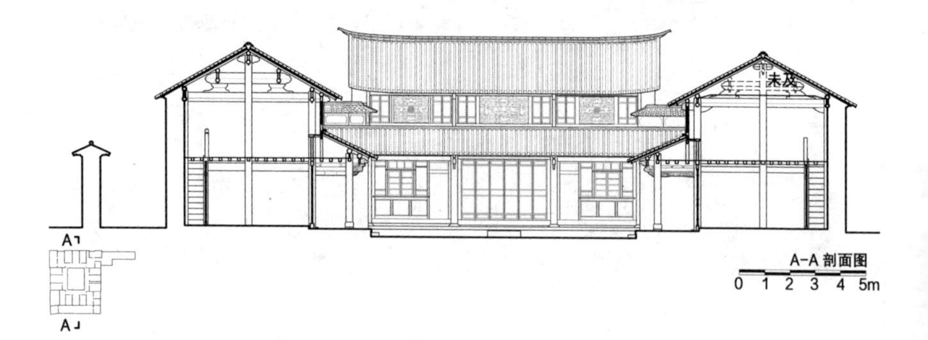

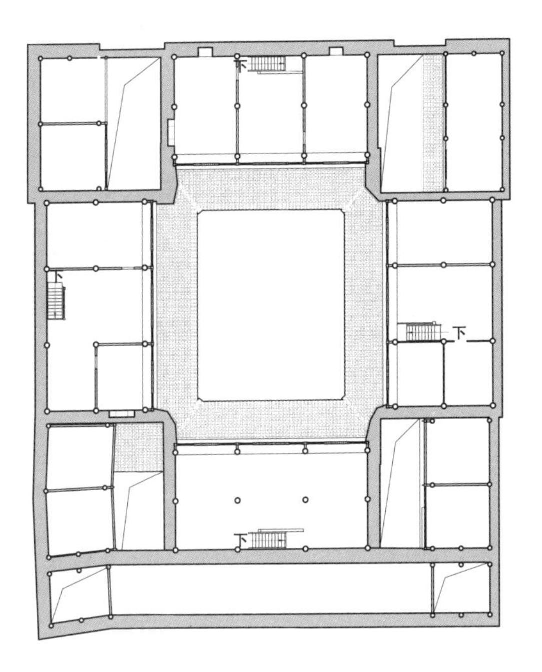

二层平面图
0 1 2 3 4 5m

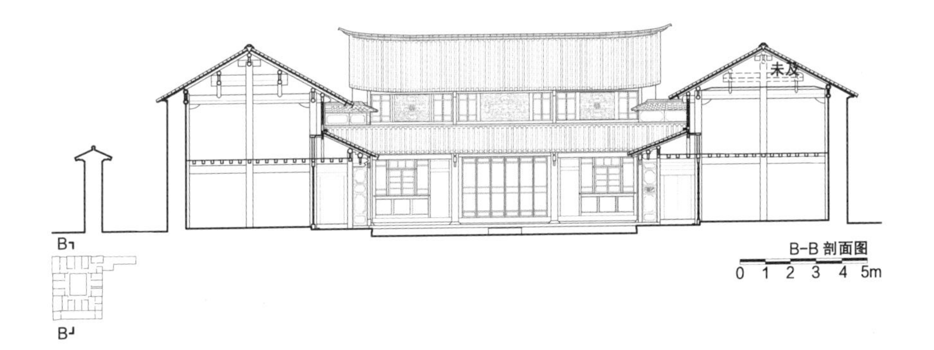

B-B 剖面图
0 1 2 3 4 5m

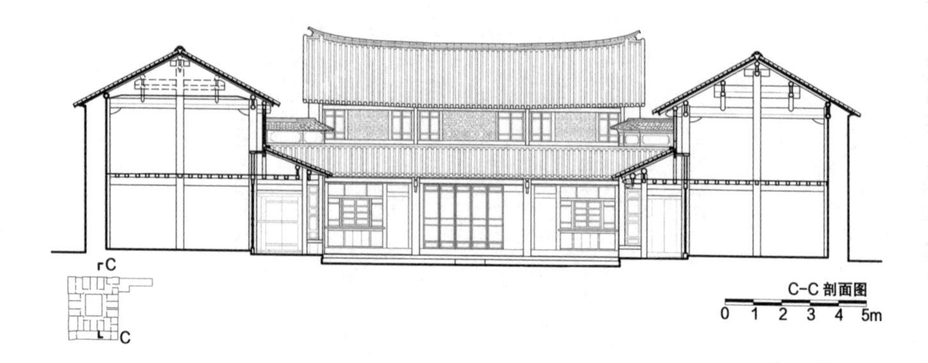
C
C
C-C 剖面图
0 1 2 3 4 5m

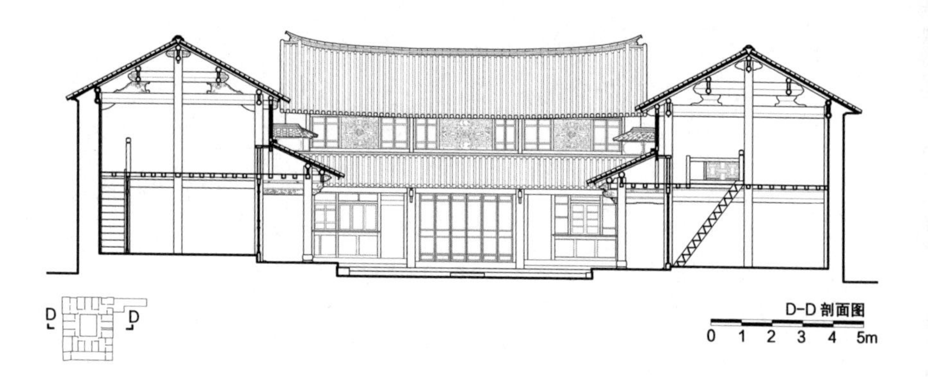
D
D
D-D 剖面图
0 1 2 3 4 5m

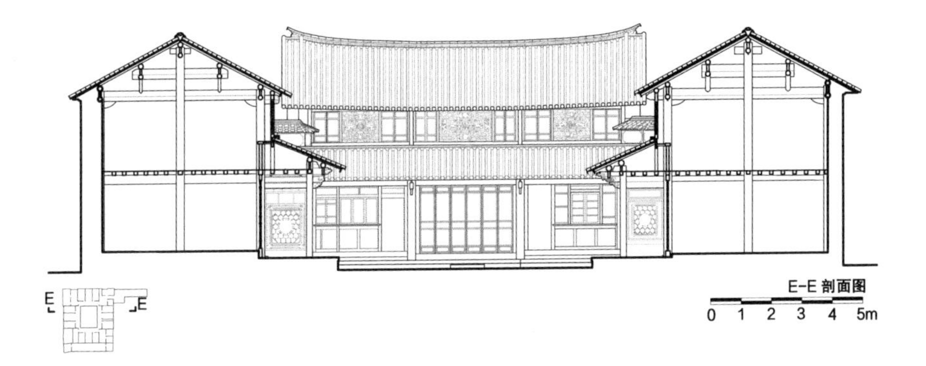

E-E 剖面图

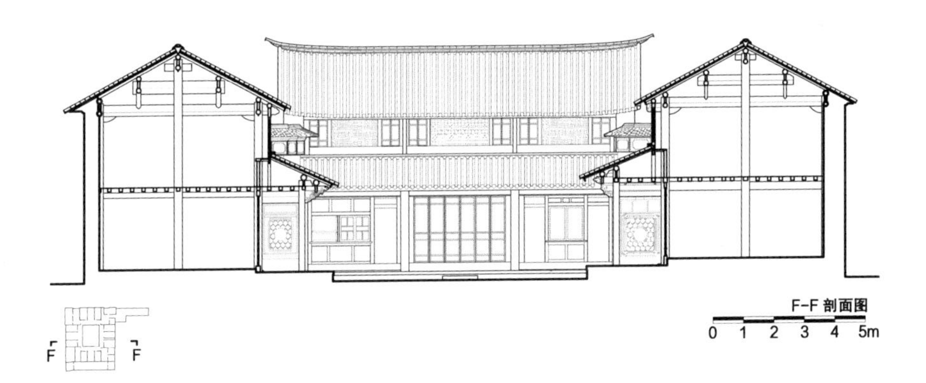

F-F 剖面图

G
G
G-G 剖面图
0 1 2 3 4 5m

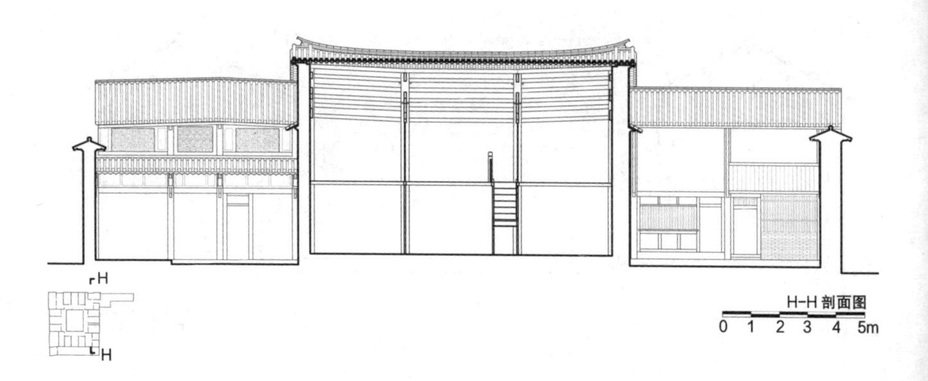
H
H
H-H 剖面图
0 1 2 3 4 5m

尹卓廷院
YIN ZHUO TING YUAN

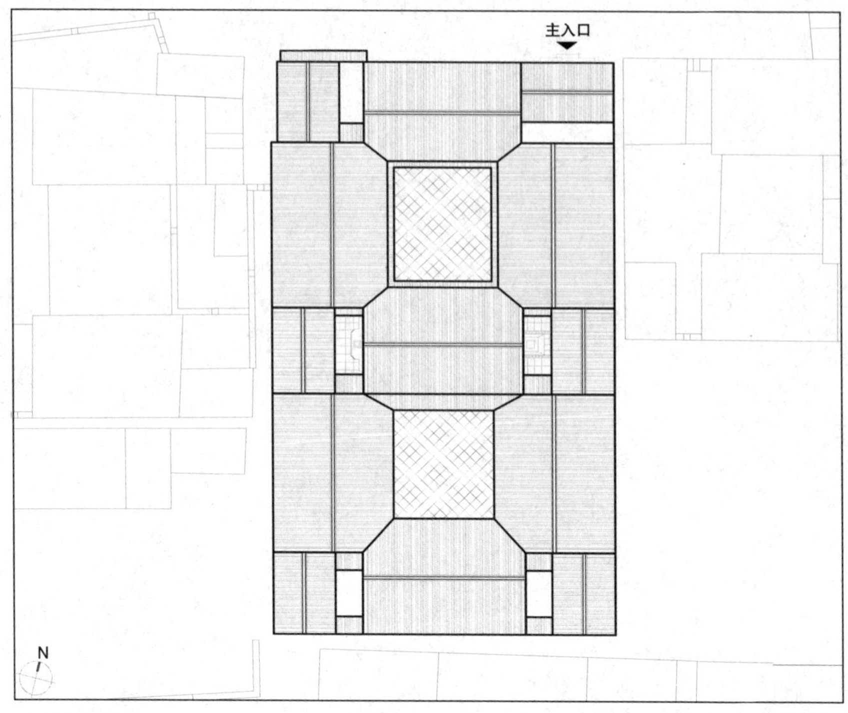

建筑名称：尹卓廷院
建筑年代：1925 年
建筑性质：居住建筑
现今用途：居住

总平面图
0 2 4 6 8 10m

尹卓廷院位于喜洲古镇大界巷37号，尹卓廷是喜洲白族民族资本家“八中家之一”，与其兄弟共同经营“复顺和”商号。该建筑群南北长45米，东西宽26米，占地约1.8亩，由两进正房坐西朝东的“四合五天井”院组成，布局规整，工艺精湛，体现了喜洲白族建筑特色。

大门为三滴水贴立式门楼，中间一段宽2.4米。其后是一小天井院，经过北厢房的廊间进入第一院。正房、东坊、北坊皆三间二层，朝院内出前廊，三架八行带雨水柱的挂厦楼。南坊兼作二院北坊（“两面亲”），三间二层，带雨水柱的两面挂厦楼，明间两榀屋架为抬梁架，前后京柱向内移210毫米，与其口之檩错位。第二院二层三间，除东坊外，三坊皆朝院落出前廊。

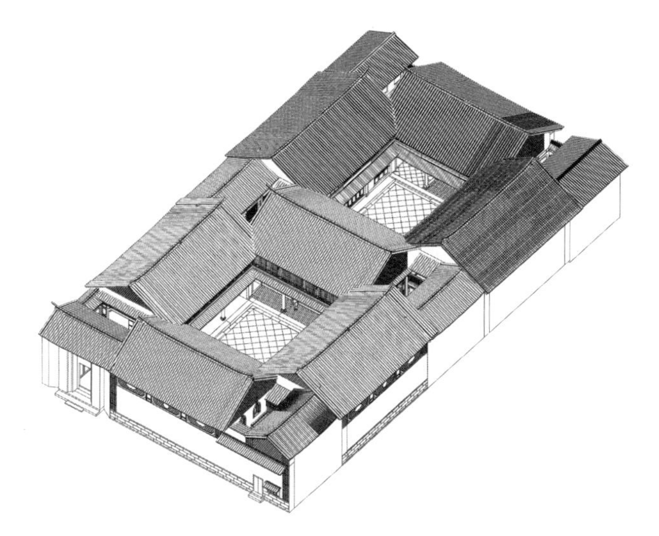

鸟瞰图

内院实景

尹卓廷院枋上大多作精美的雕刻，龙、凤、象等吉祥图样，栩栩如生，并施有彩绘，精巧细腻，典雅大方。

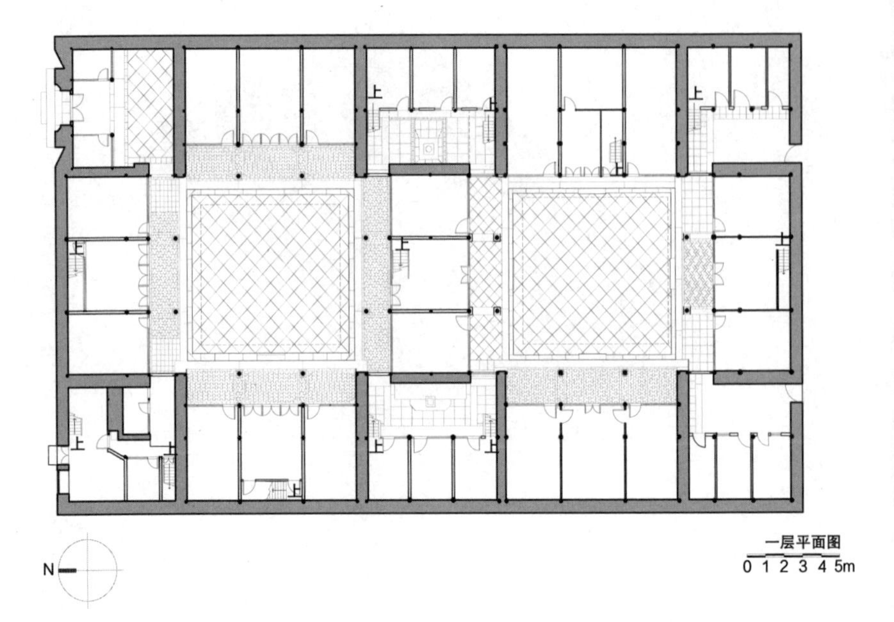
上
上
上
上
上
上
上
上
上
上
N
一层平面图
0 1 2 3 4 5m

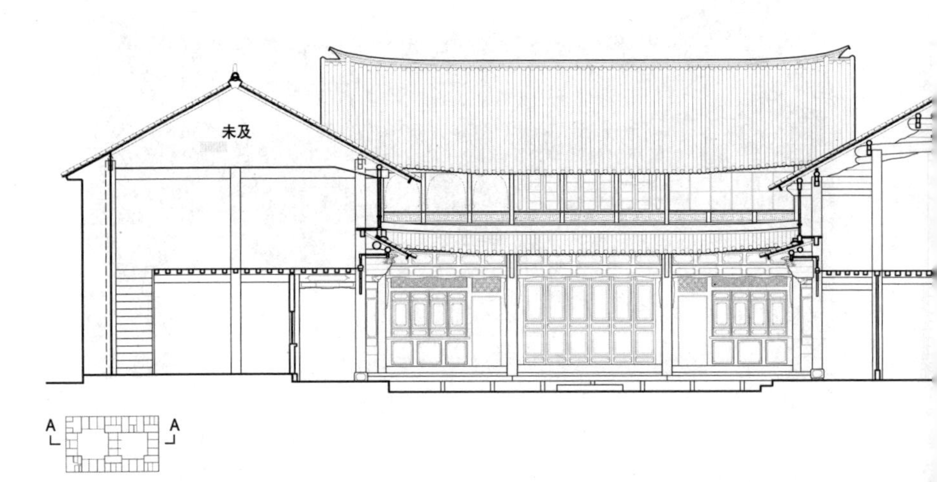
未及
A
A

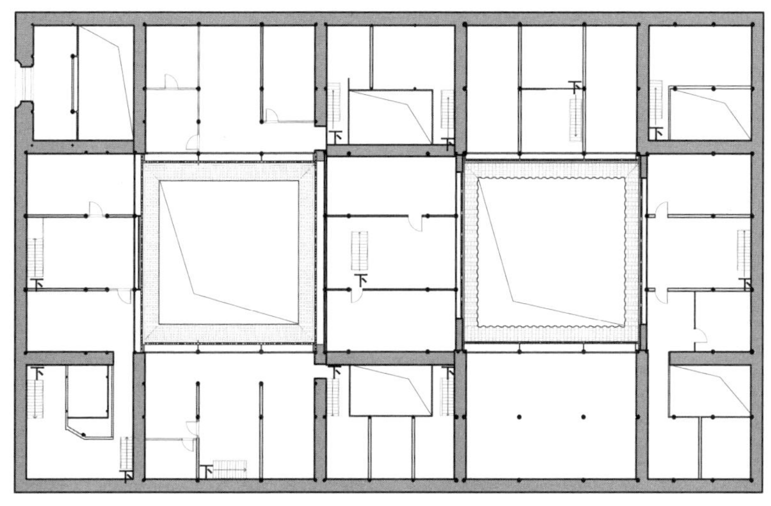

二层平面图
0 1 2 3 4 5m

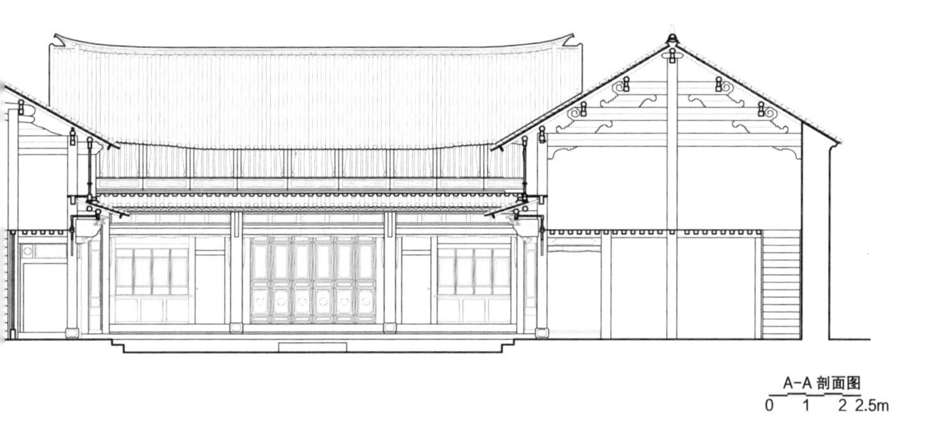

A-A 剖面图
0 1 2 2.5m

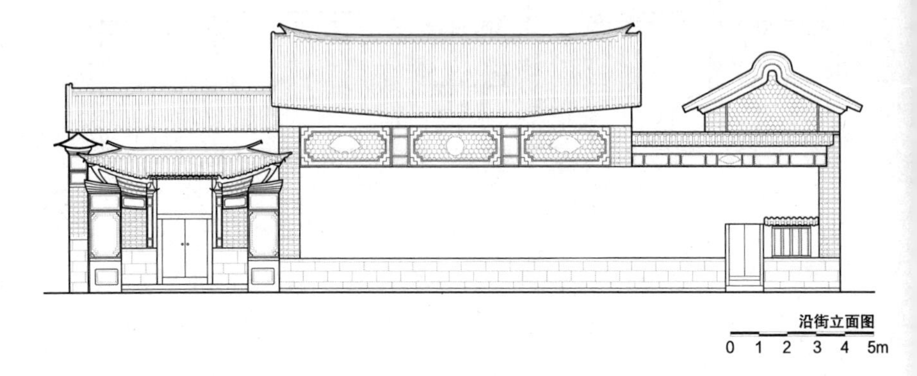

沿街立面图

修身齊家

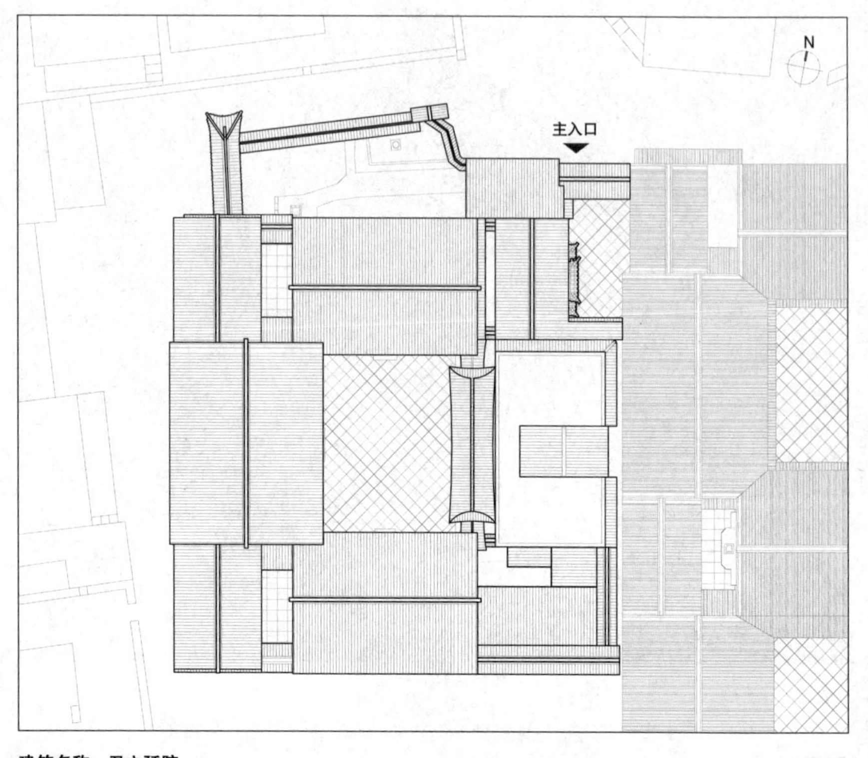

建筑名称：尹立廷院
建造年代：1925 年
建筑性质：居住建筑
现今用途：居住

总平面图
0 10 20 30m

尹立廷院位于喜洲古镇大界巷35号，与尹卓廷院毗邻。该建筑群南北长约30米，东西宽约27米，占地约1.2亩，由一院正房坐西朝东的“三坊一照壁”组成。

临街大门做券洞门，采用西方造型要素，二门设在东北角漏阁处，白族传统形制贴立式门楼。三坊三间二层，一层设前廊，带雨水柱的挂厦

室内实景

内院实景

楼，京柱皆位于上、下京梁（金檩）之间。进深六步架，在喜洲古民居中木构架的体量相对较大。

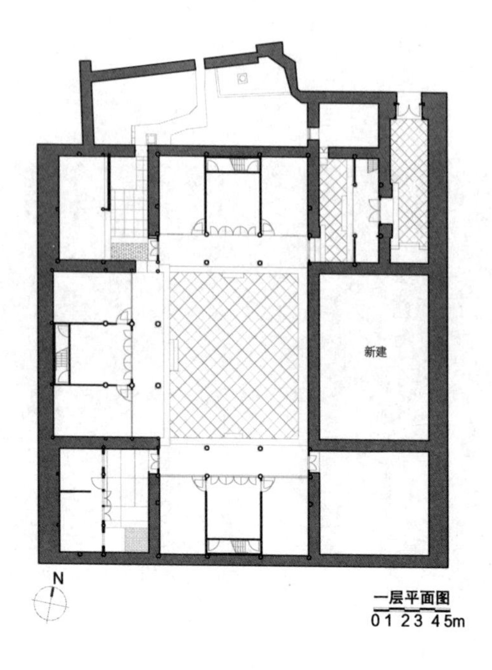
新建
N
一层平面图
0 1 2 3 4 5m

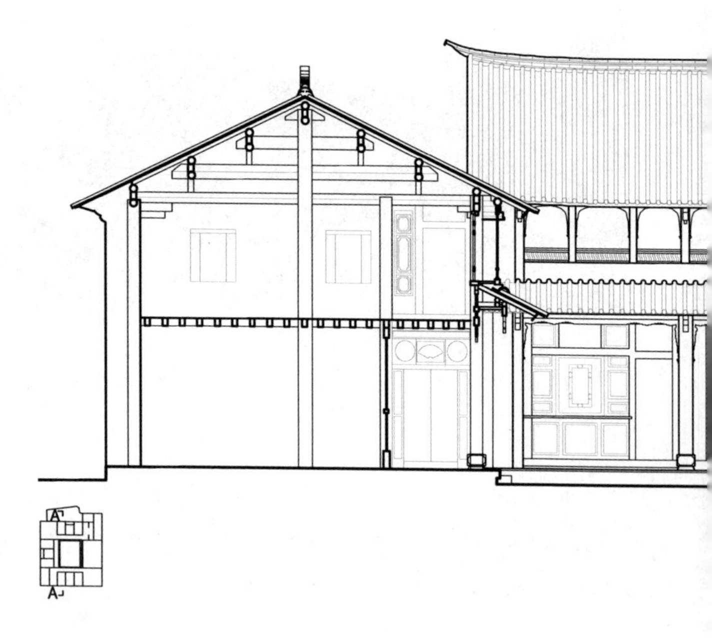
A
A

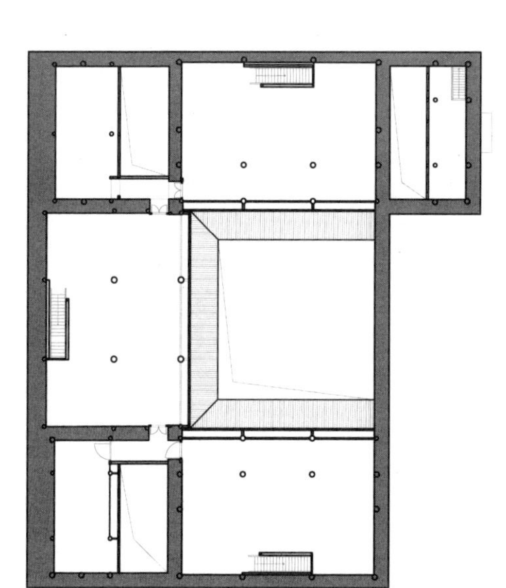

二层平面图

0 1 2 3 4 5m

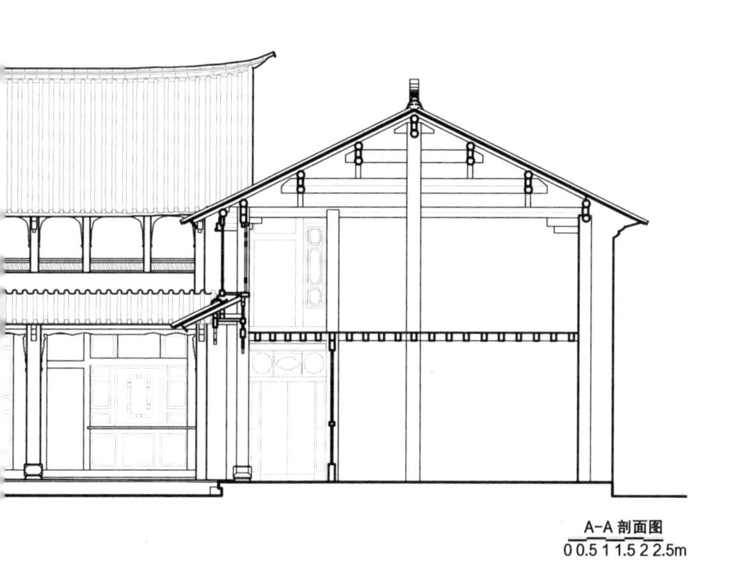

A-A 剖面图

0 0.5 1 1.5 2 2.5m

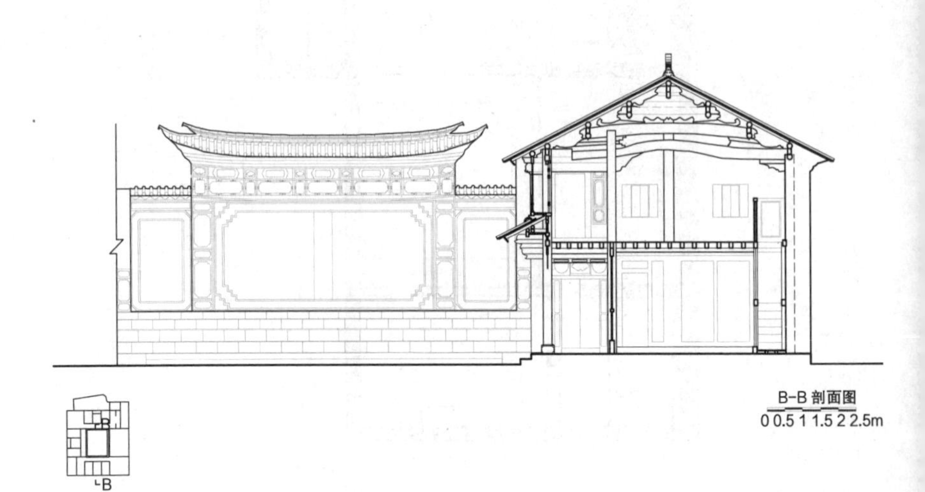

B-B 剖面图

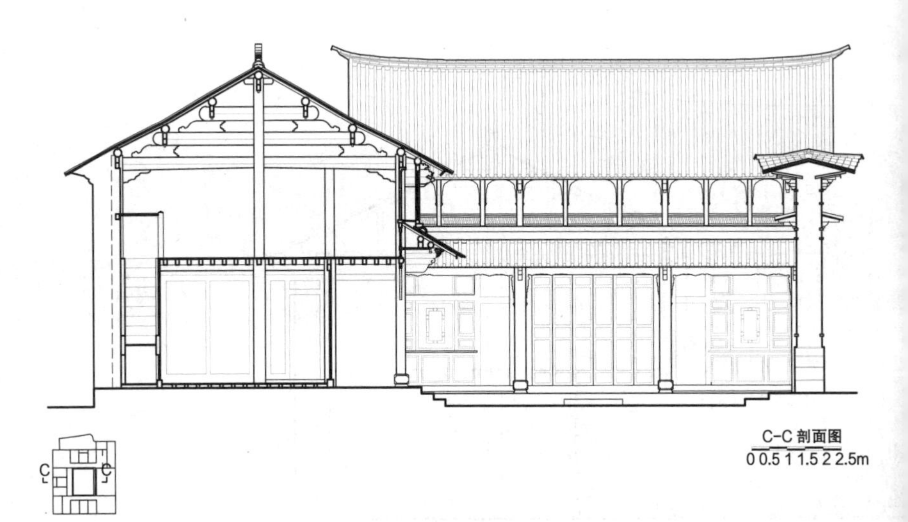

C-C 剖面图

赵国成院

ZAHO GUO CHENG YUAN

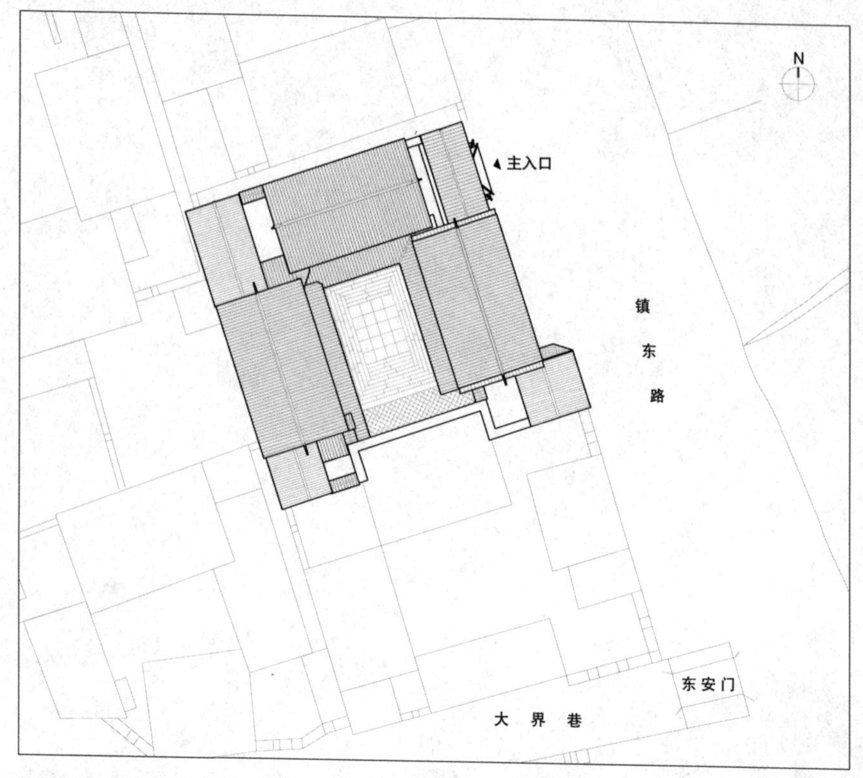

建筑名称：赵国成宅
建造年代：光绪年间
建筑性质：居住建筑
现今用途：居住

赵国成院位于喜洲古镇东路大界巷40号，主体格局看似是“三坊一照壁”，但从其正房与照壁的非对位关系，以及与相邻建筑整体来看，应是“四合五天井”的一部分。南北长23米余，东西宽22米余，占地约0.75亩。三滴水门楼，东向临路,位于东北角漏阁处，木枋上雕刻凤、花卉等图案，别致精巧。三坊皆三间二层，木构架三架六行，为带雨水柱的明楼浅骑厦做法。廊柱较粗，径达260毫米，比例敦厚浑圆。廊檐深远，仅椽子出挑就有750毫米。照壁位于南侧，未与正房西坊相对，实为邻院建筑后檐墙。此布局疑为后期改易变通而来。

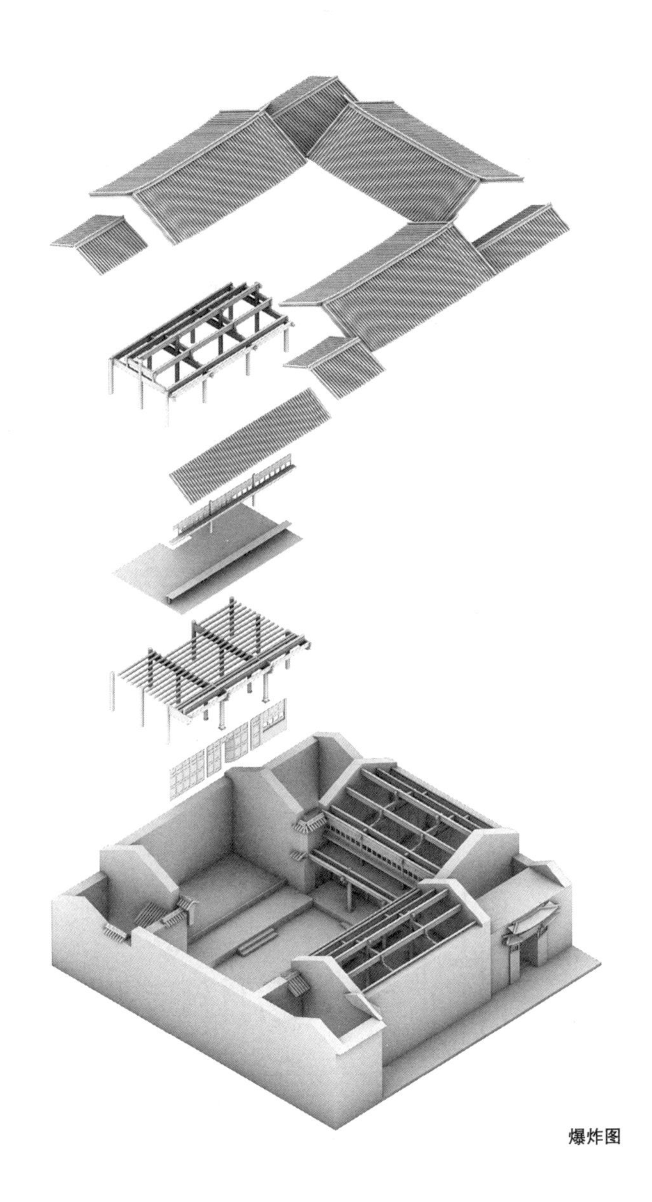

爆炸图

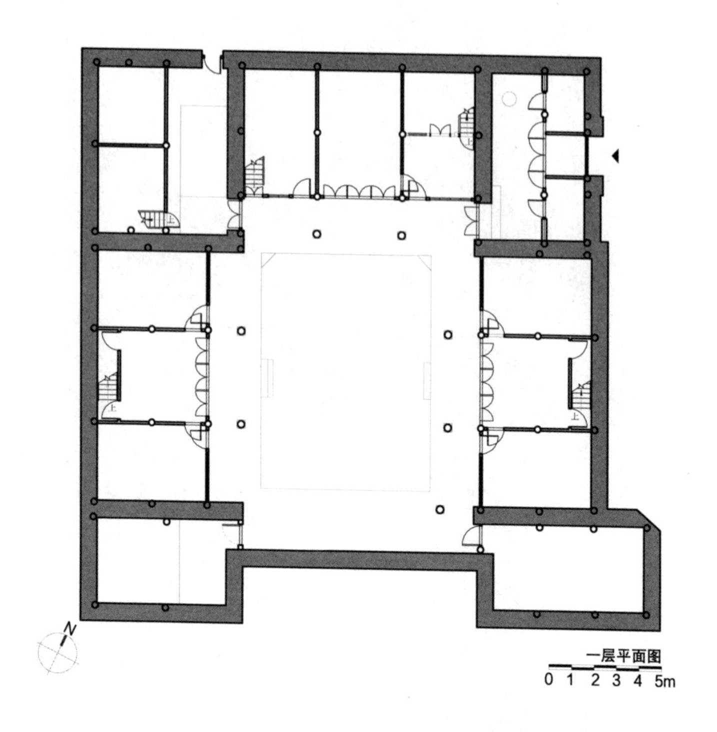

一层平面图

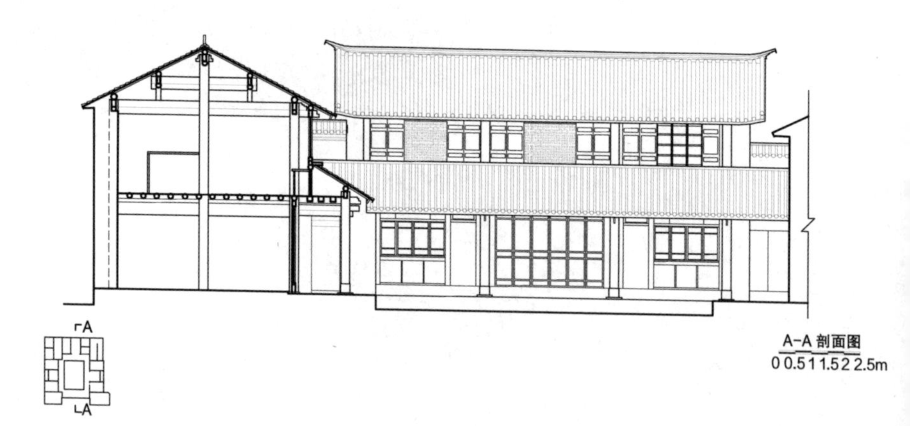

A–A 剖面图

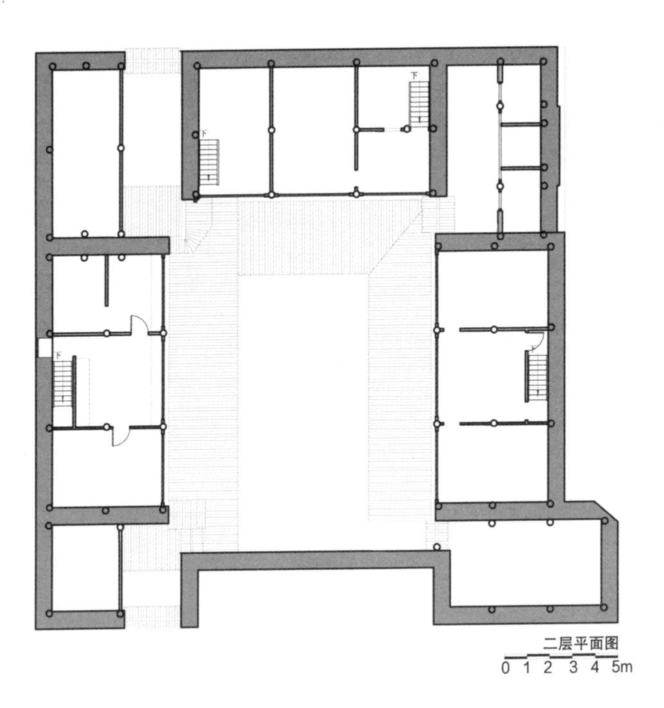

二层平面图

B-B 剖面图

C
C
C-C 剖面图
0 0.5 1 1.5 2 2.5m

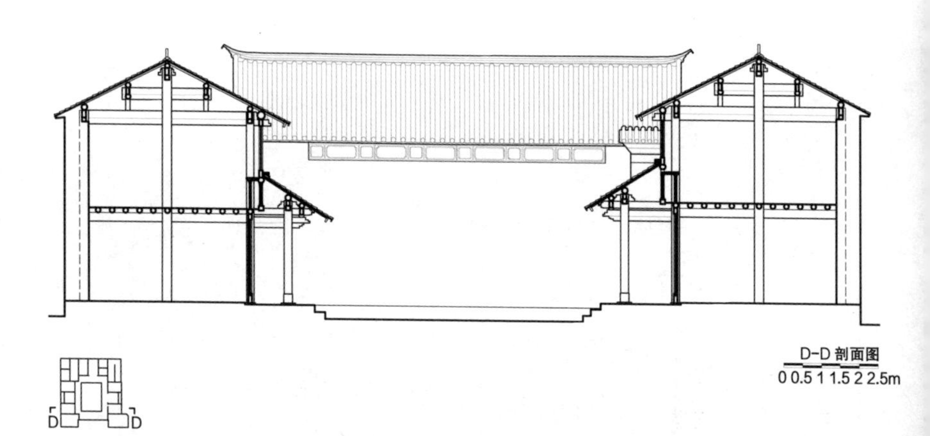
D
D
D-D 剖面图
0 0.5 1 1.5 2 2.5m

宝成府

BAO CHENG FU

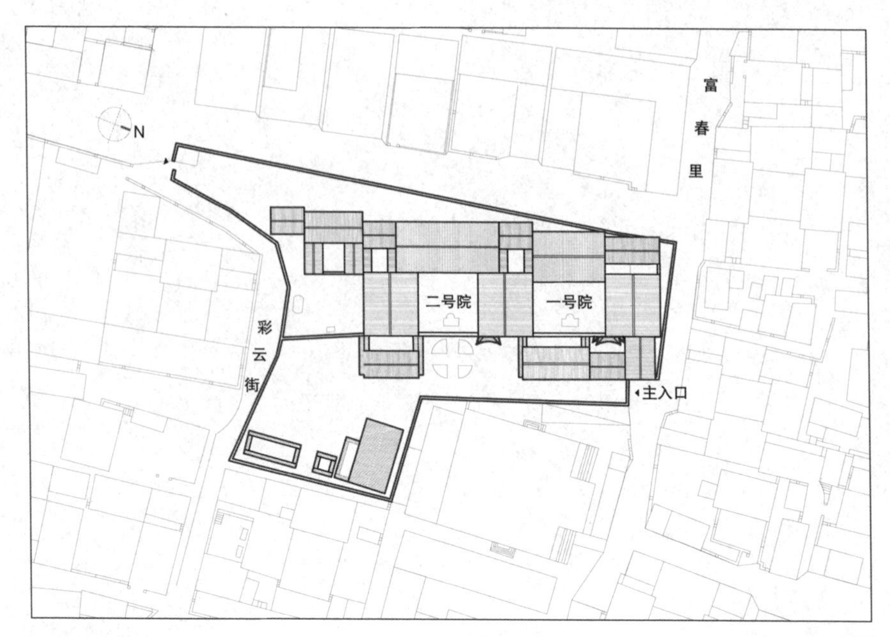

建筑名称：宝成府
建筑年代：1928 年
建筑性质：居住建筑
现今用途：客栈

宝成府位于喜洲古镇富春里3号，严家大院的南侧，建于1928年，原为严子珍次子严宝成的宅院。严宝成曾任洱源县、宾川县县长，与大哥等人共同经营“永昌祥”商号。宝成府南北长100米，东西宽61米，占地6亩。建筑由北向南展开，设三院和花园一处。前两院为“三坊一照壁”，后院作西洋楼，正房皆朝东。三院东侧设巷道，各院设门与之相通，故可独立使用，减少相互穿行干扰。以巷道作为入口过渡空间，虽是喜洲住宅之常法，而宝成府无疑是更为舒适合用的。大门为西式造型，第一院三滴水贴立式门楼，檐下如意斗栱精巧细腻。

前两院建筑皆为出前廊不出厦的走廊楼。第一院南北长16米，东西宽12米，空间敞亮。正房五间，明间的六抹隔扇窗雕刻有繁复花卉图案。南

二号院透视图

一号院院落实景

坊三间，出前后双廊，兼作第二院北坊。第二院正房五间，其中露明三间，庭院稍小，南北长10米，东西宽11米。

宝成府院落及建筑尺度已较传统规制为大，朴实简洁，具有典型的民国风格，现作为客栈使用。

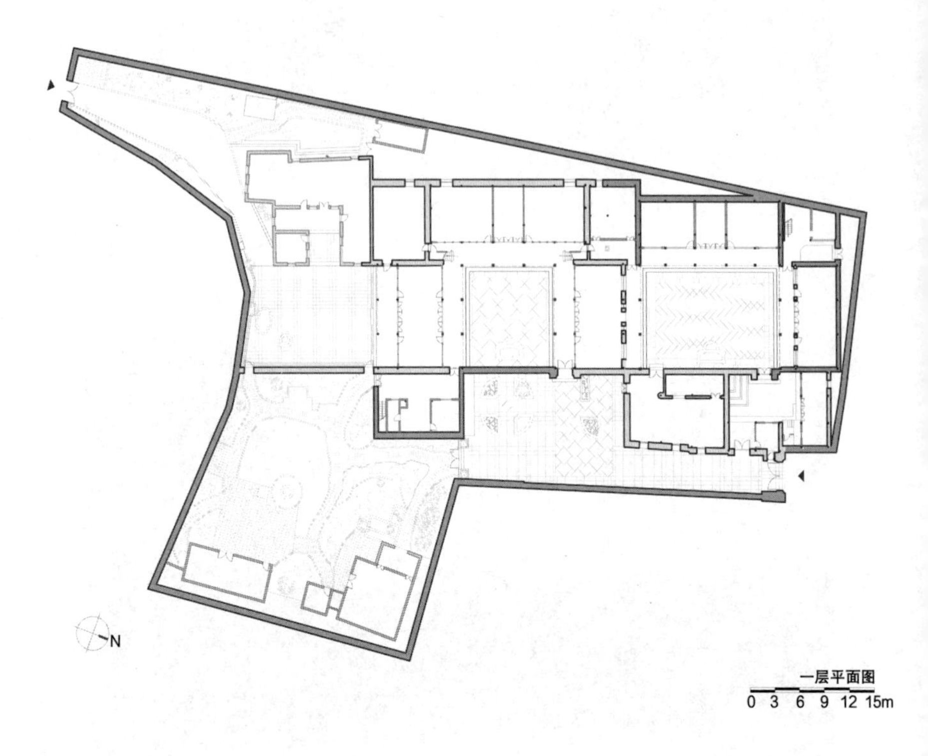
N
一层平面图
0 3 6 9 12 15m

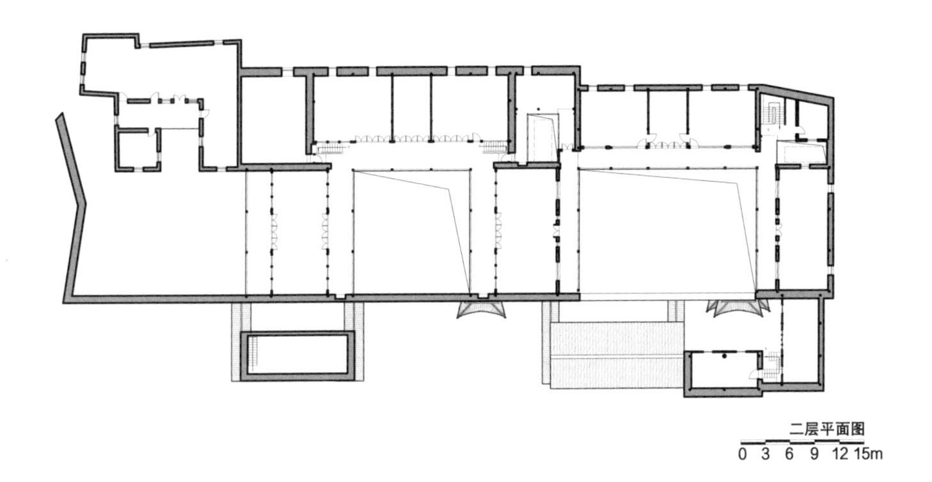

二层平面图

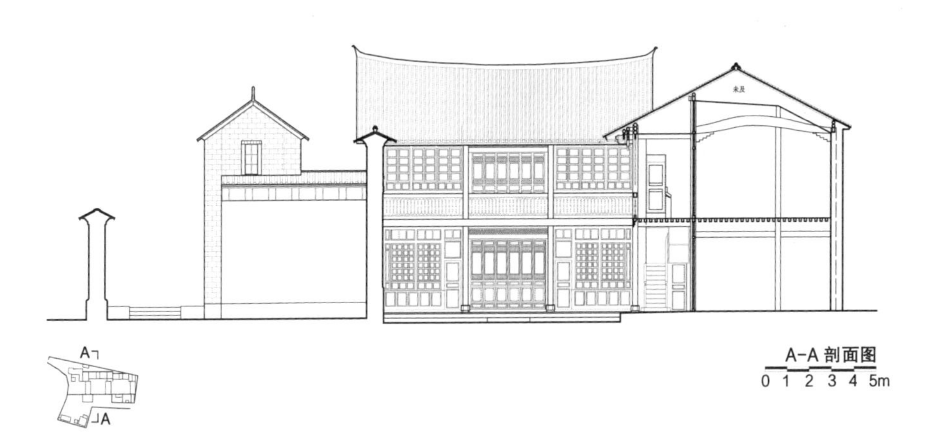

A-A 剖面图

未及
B
B

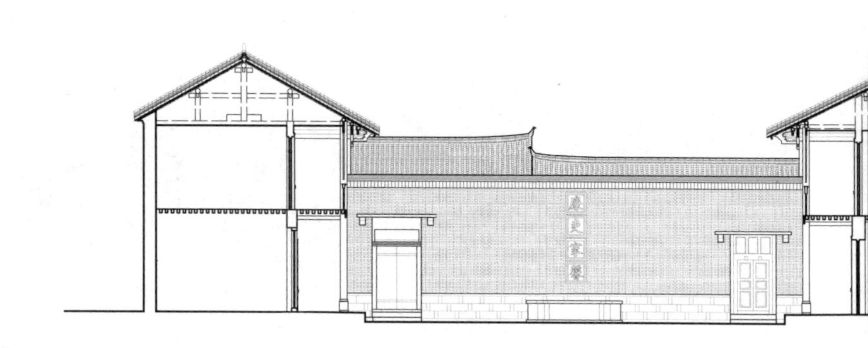

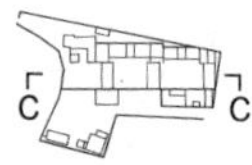
C
C

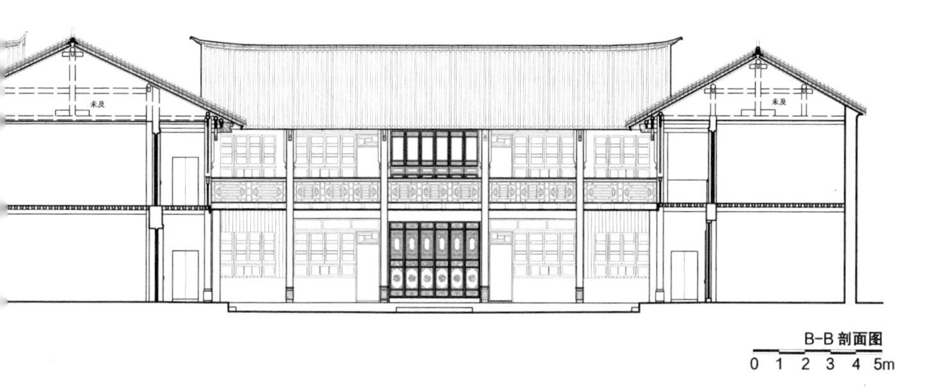

B-B 剖面图

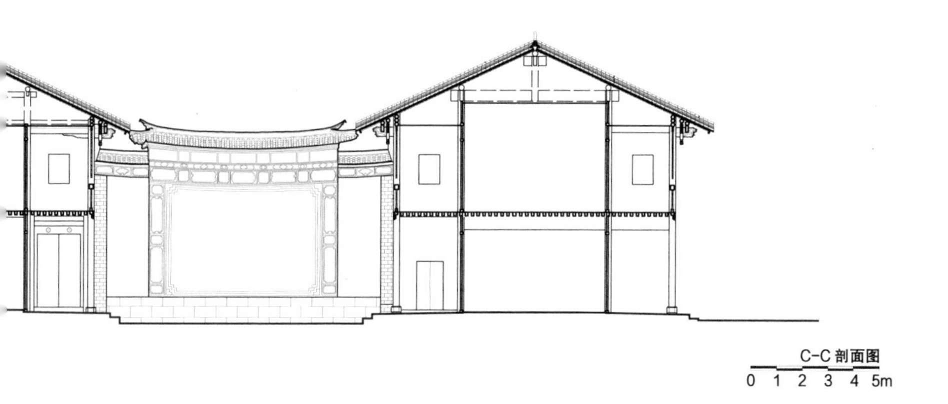

C-C 剖面图

未及
D
D
D-D 剖面图
0 1 2 3 4 5m

未及
E
E
E-E 剖面图
0 1 2 3 4 5m

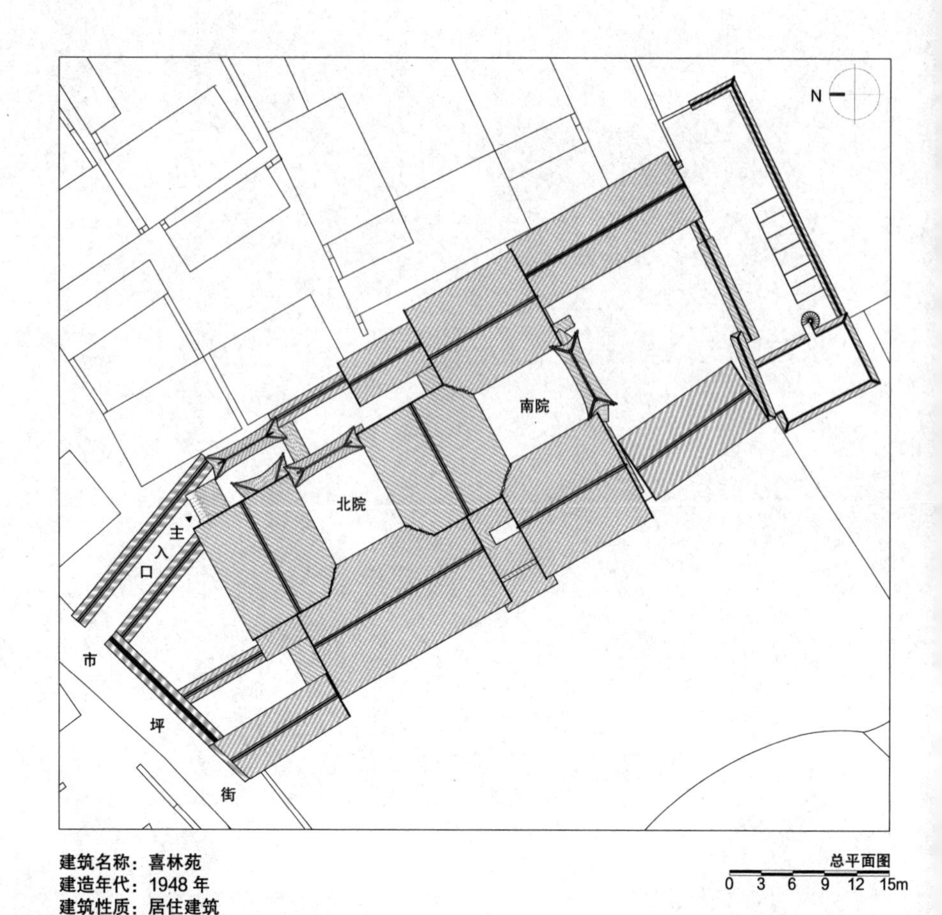

建筑名称：喜林苑
建造年代：1948 年
建筑性质：居住建筑
现今用途：客栈

喜林苑位于喜洲古镇城北村5号，原为杨品相宅，后被美国人林登夫妇收购用于客栈。杨品相曾在“鸿兴源”商号做学徒，后成为股东之一。据说院内的建筑图案很多都是他自己设计的。

喜林苑南北长76米，东西宽34米，占地约3亩。主体部分由南、北两院组成，均为“三坊一照壁”。北院主房坐西朝东，是传统规制；南院主房，坐北朝南，实为前院之南坊，此坊一照两面，作为过厅。因此两院不再

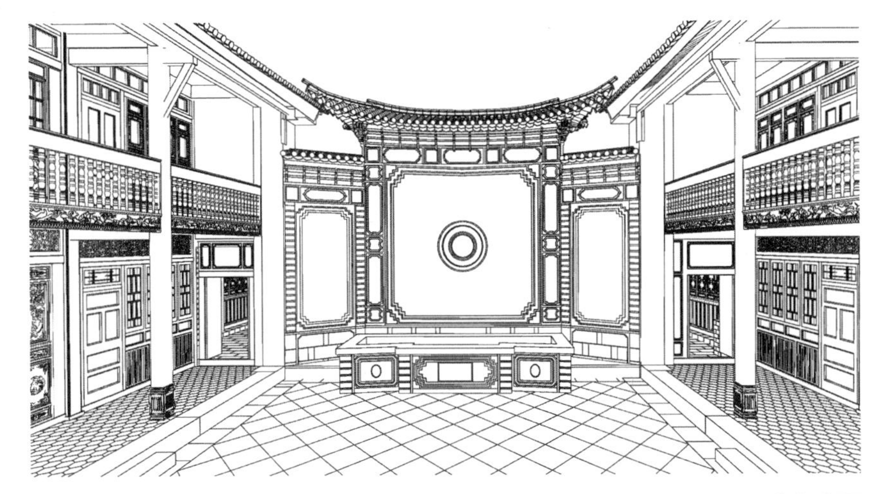

内院透视图

西侧外景

是简单的平行并置组合，更显活泼。喜林苑各坊皆为走廊楼，由一二层走廊连通各坊。两院之北，另有一院，现改作餐厅；两院之南，有后院和花园。喜林苑经由小巷入大门，大门北向；转折入二门，二门东向。

喜林苑门楼为三滴水的贴立式，檐口下斗栱层层叠叠，枋上雕刻华美，有“杨家门楼”之说。各坊走廊楼比传统旧式高大，使用方柱，庭院宽敞。门窗等雕刻精细，墙壁彩绘或大理石装饰等，都十分突出。正房明间格子门镂雕达三层之多，由纳西族画家周霖先生亲笔画稿，剑川老木匠雕刻而成。

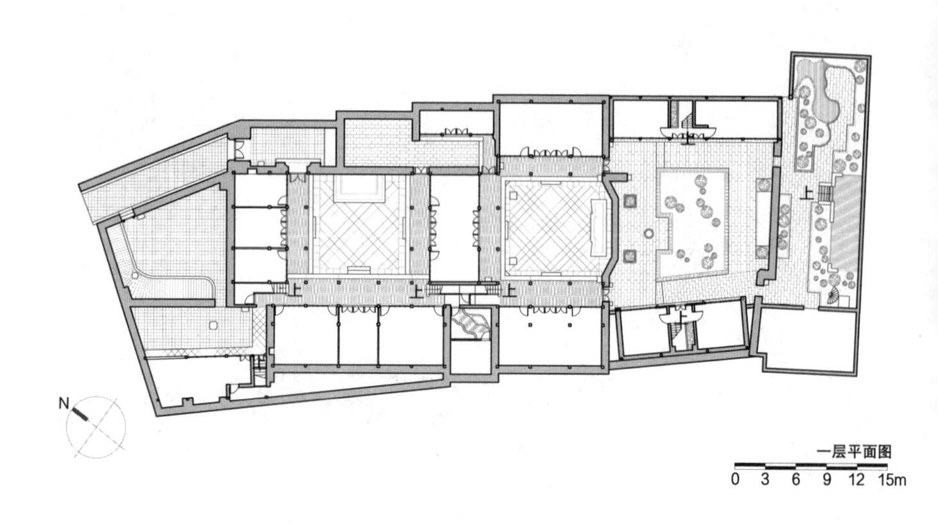

一层平面图

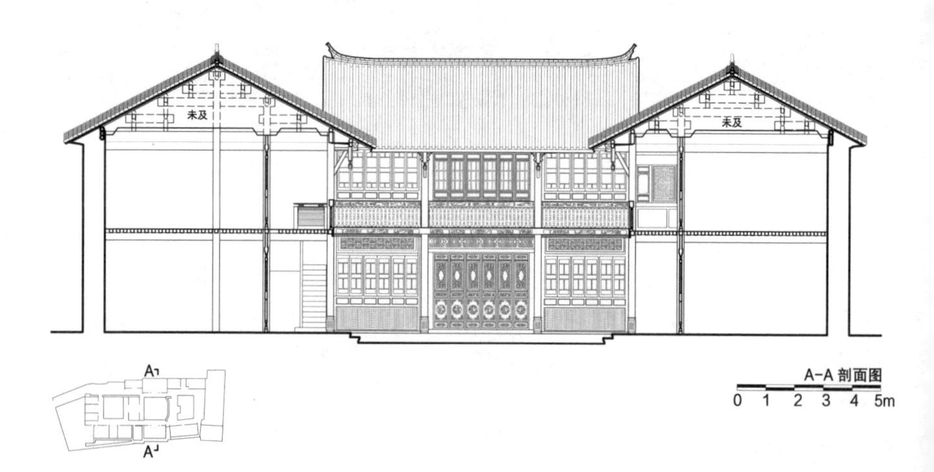

A-A 剖面图

喜林苑现作为客栈延续其居住功能，1987年被公布为云南省文物保护单位，2001年被列为全国重点文物保护单位。

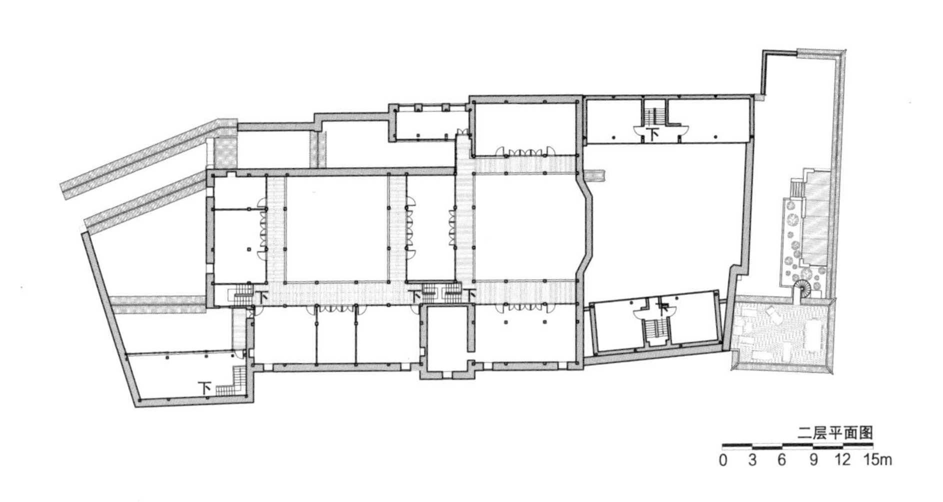

二层平面图

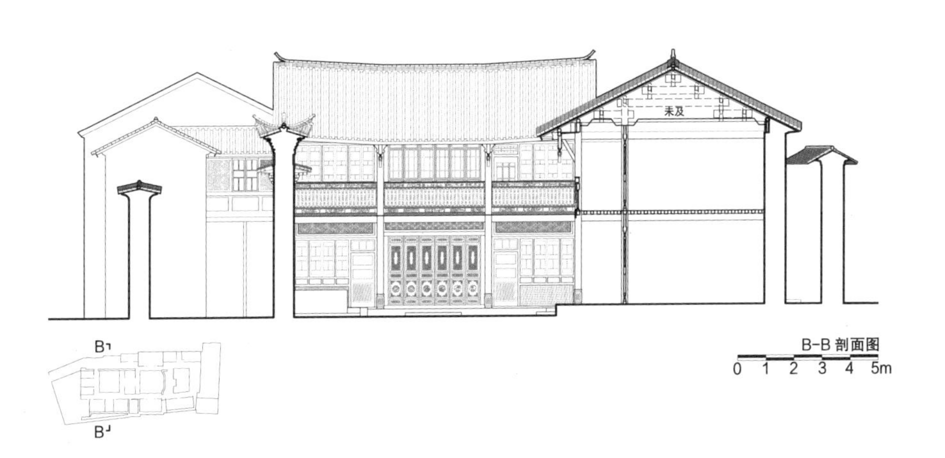

B-B 剖面图

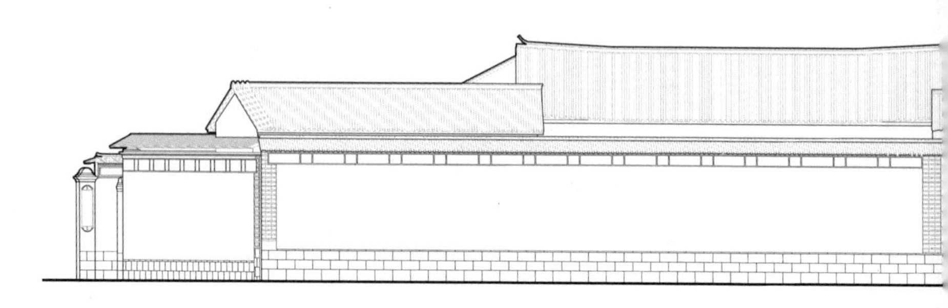

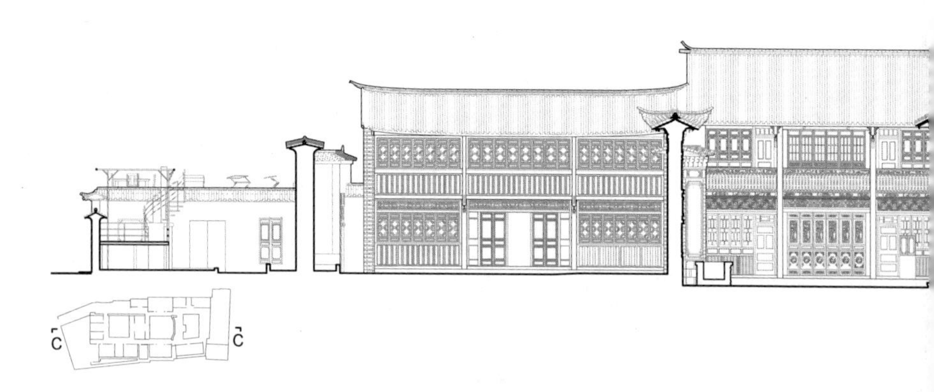
C
C

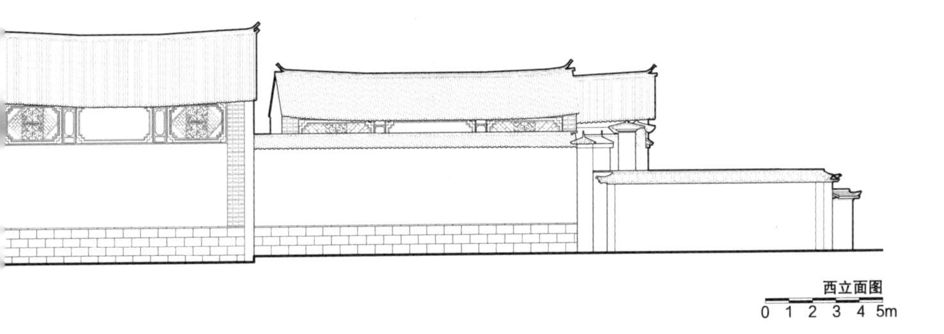

西立面图

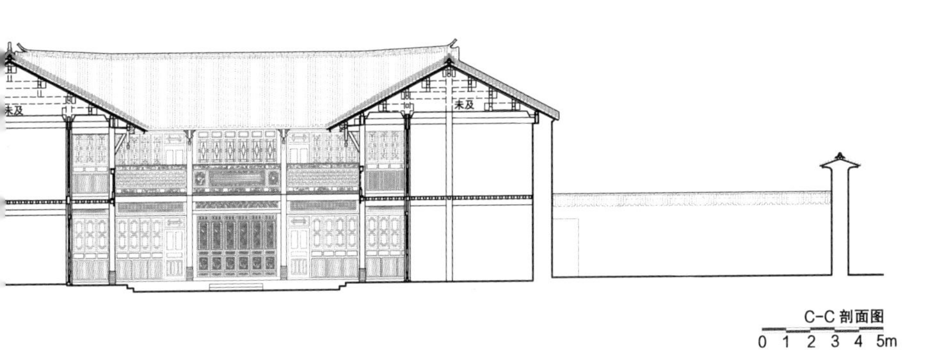

C-C 剖面图

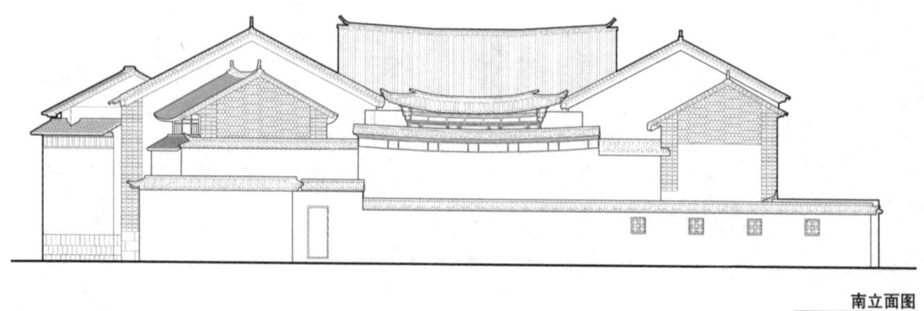

南立面图

0 1 2 3 4 5m

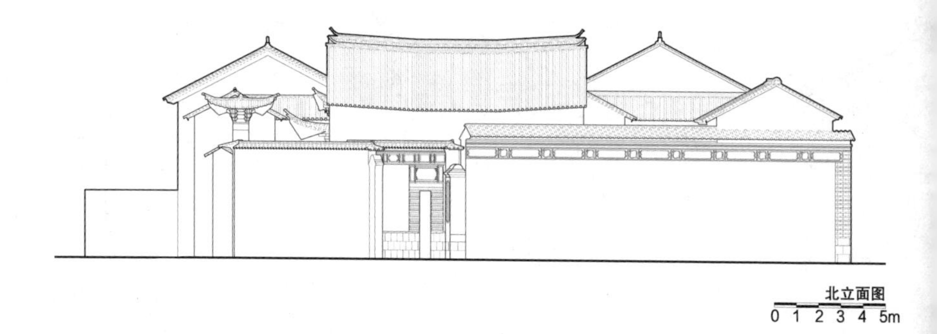

北立面图

0 1 2 3 4 5m

正义门
ZHENG YI MEN

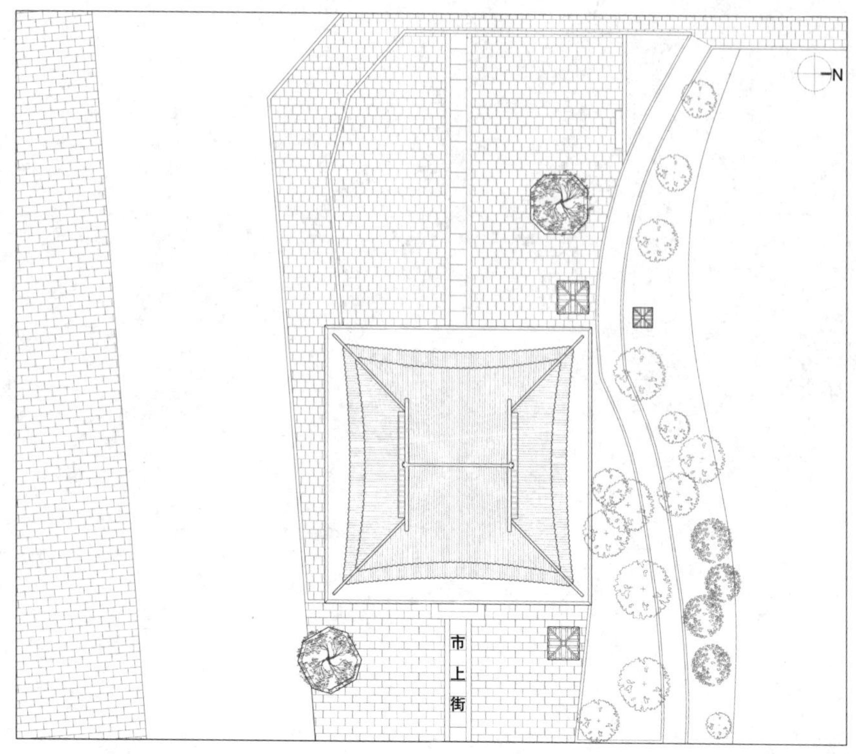

建筑名称：正义门
建造年代：清末
建筑性质：门、宗教建筑
现今用途：门、祭祀

总平面图
0 1 2 3 4 5m

正义门是喜洲古镇的西门，前临大丽线，门内对着市上街，是古镇入口空间界定的标志物。两层歇山顶楼阁建筑，底层南北设墙，墙厚860毫米，东西为通道，上实下虚，平面近方6.3米，高约10米。二楼塑有持笔的魁神像，故此门楼又称“魁阁”。

正义门西面中部设大门，大门宽3.5米余，木板门，其上安装横九路、竖七路门钉。上、下两层平面柱网皆呈“井”字形，中间四柱围合成中心空间。上层檐柱向里收0.68米。

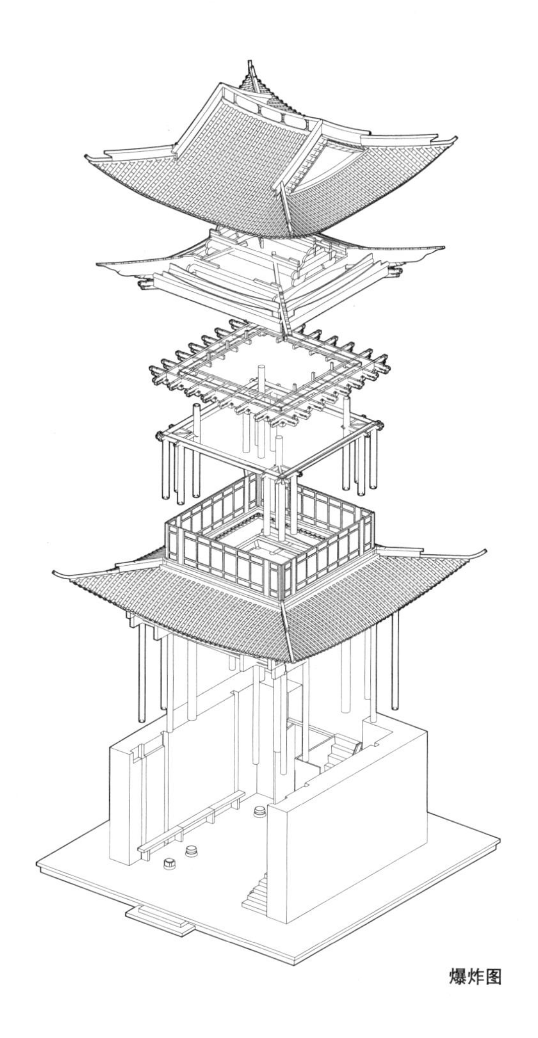

爆炸图

二层外檐遍施斗栱，坐斗的斗耳与斗腰很小，斗底部分很高，而且在其左右45度方向插有小枋头，施有雕刻。二层共计有两榀抬梁屋架，上层角梁的后尾插入上金枋内，中部搁置在金柱上，前端向上向前冲出，形成了一个杠杆。角梁外部端头作鸟首，两侧作翼，呈飞翔状。下层翼角以石板支撑，其下塑有鱼龙。正义门正脊两端升起，曲线优美，为此在正檩的两端增设生头木。正吻做鱼尾向上翘起，十分秀气。

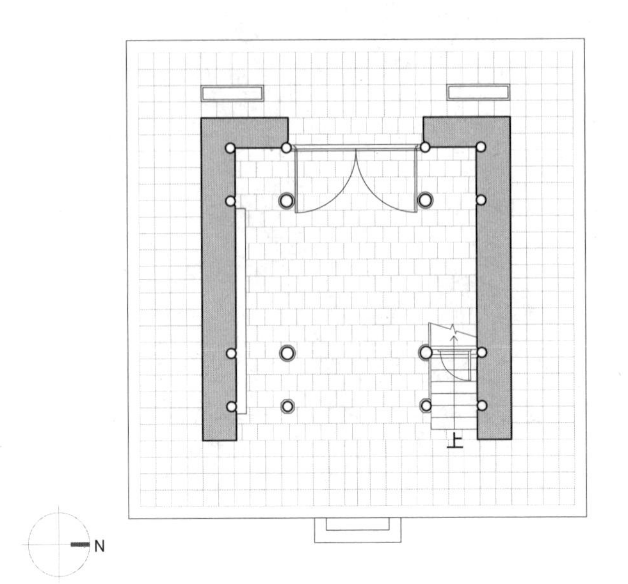

一层平面图
0 0.5 1 1.5 2 2.5m

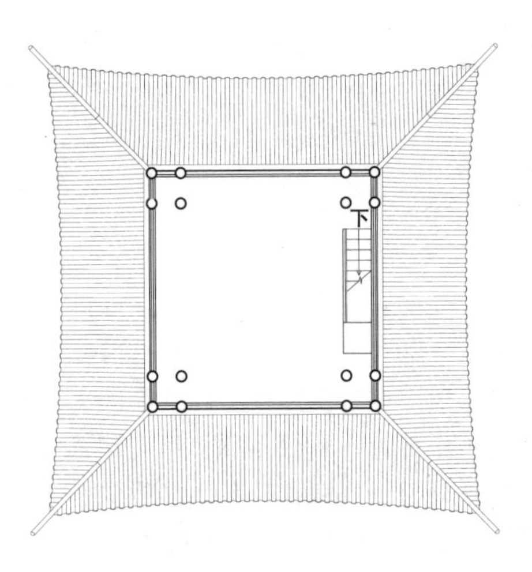

二层平面图
0 0.5 1 1.5 2 2.5m

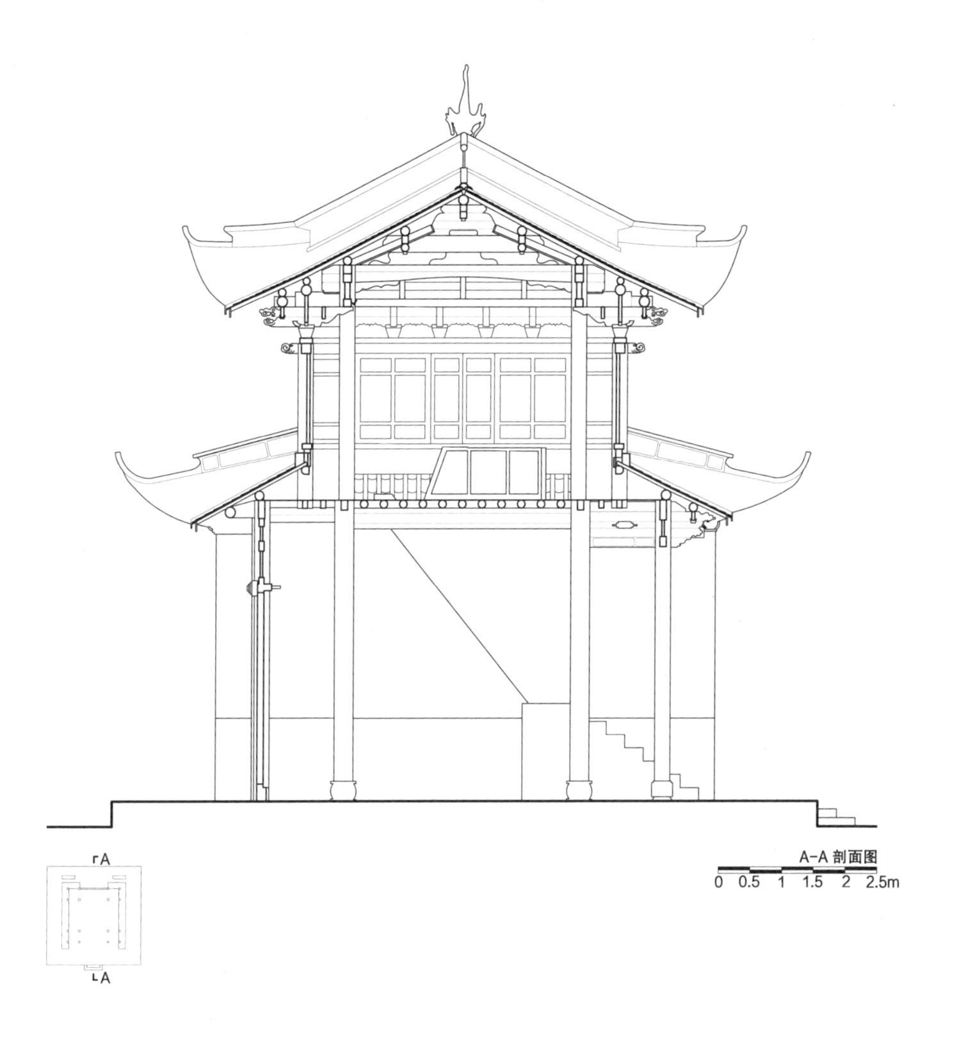
A
A
A-A 剖面图
0 0.5 1 1.5 2 2.5m

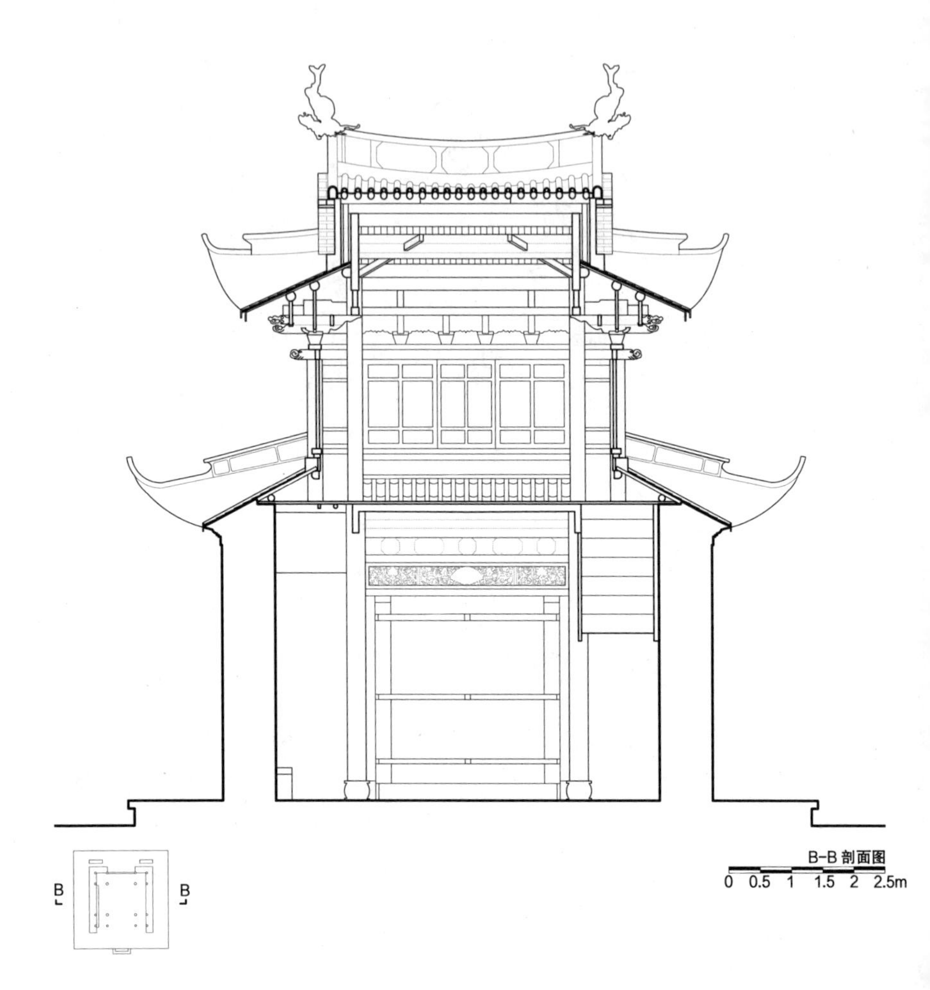

B-B 剖面图

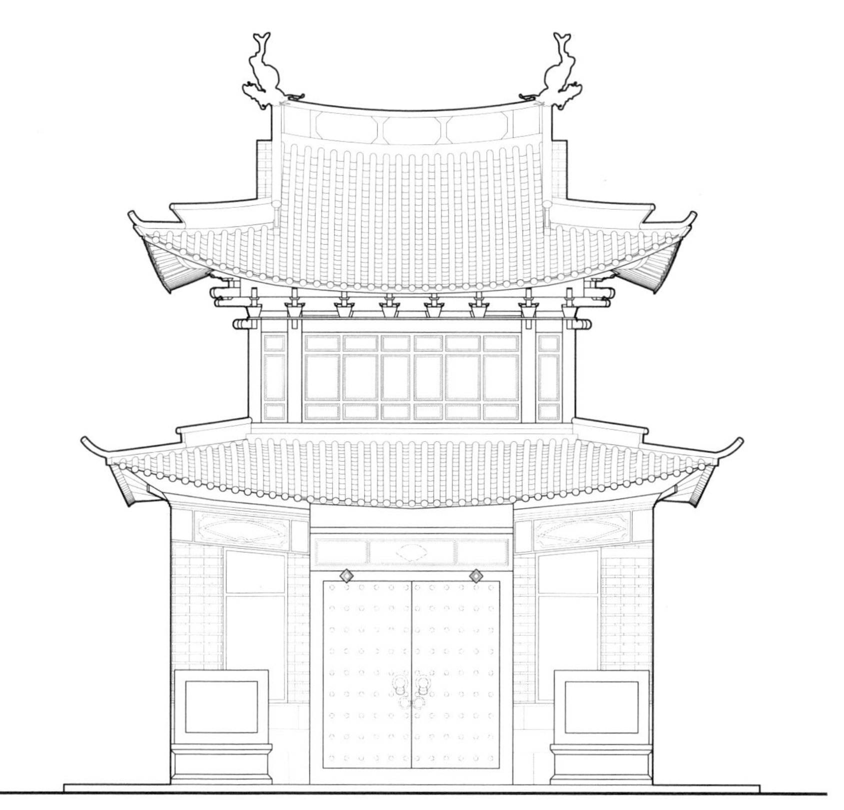

西立面图

南立面图
0 0.5 1 1.5 2 2.5m

建筑名称：东安门
建造年代：不详
建筑性质：交通建筑
现今用途：交通

东安门是喜洲古镇的东门，前临镇东路，门内为大界巷。东安门是一间单层建筑，体量较小，本是普通的硬山建筑，通过在临街面设置券洞门，再于门侧斜出檐墙小坡顶以及增设垂脊戗角，尤其是超出常规的檐口冲翘曲线与两端檐墙小坡顶的上斜外出态势相应，使得整个东安门端庄严整而又不失轻盈生动。东安门宽3.81米，深3.86米，脊檩下皮距离地面高4.7米。为加大左、右屋面升起，檩两端增设生头木高4寸有余。

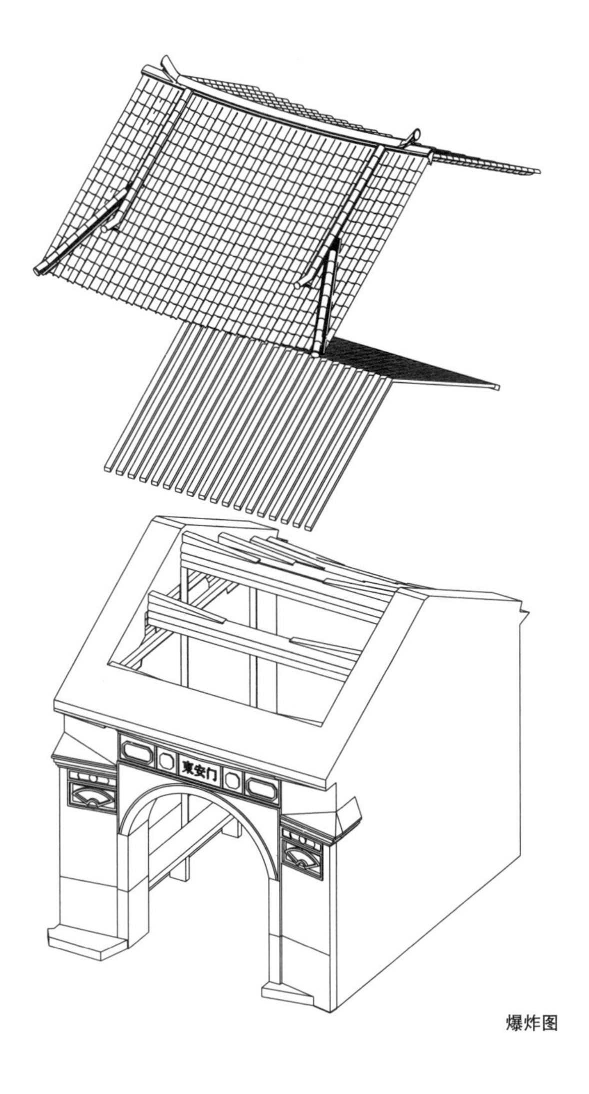

爆炸图

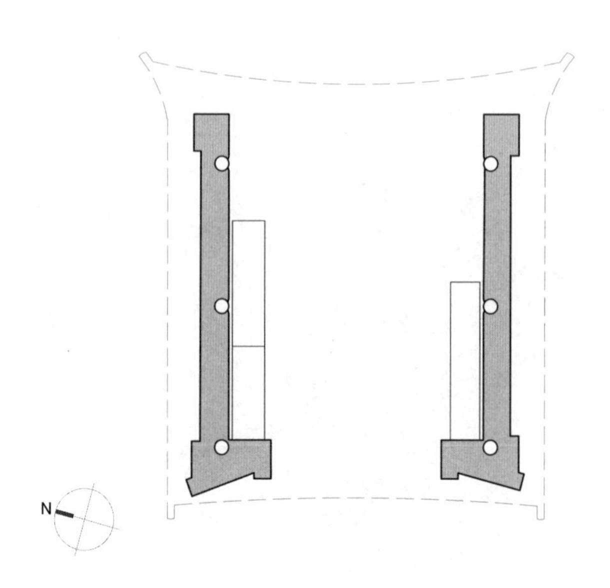

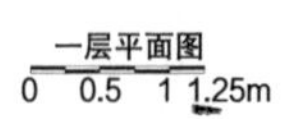

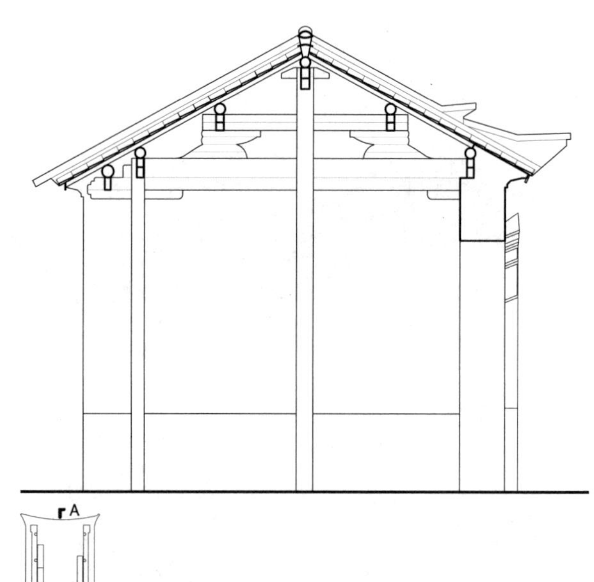

A—A 剖面图

0 0.5 1 1.25m

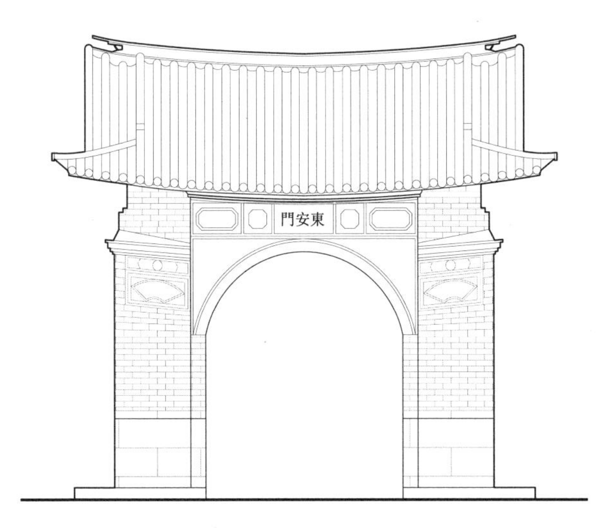

东立面图

0 0.5 1 1.25m

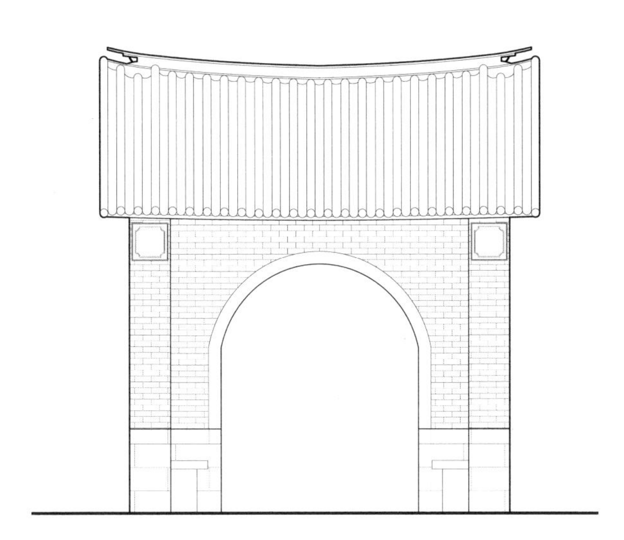

西立面图

0 0.5 1 1.25m

严家祠堂
YAN JIA CI TANG

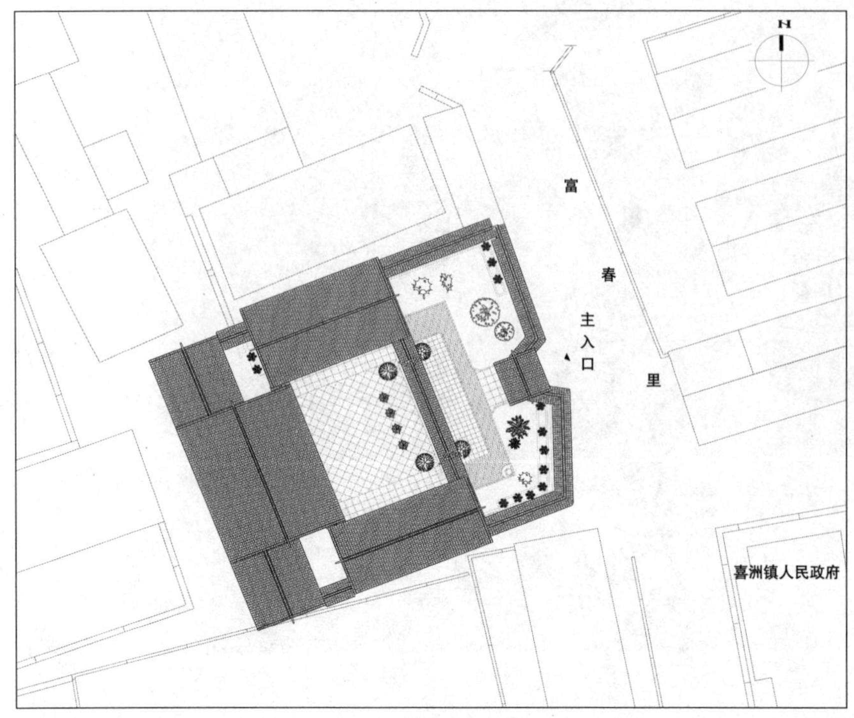

建筑名称：严家祠堂
建造年代：1913 年
建筑性质：宗祠建筑
现今用途：祠堂

总平面图
0 2 4 6 8 10m

严家祠堂位于富春里路，1913年由严子珍等捐资，历经七年建成，2005~2010年作了修缮。祠堂由前、后院组成：前院扁长，疏竹若干，是过渡空间；后院三坊一照壁布局，是祠堂的主体。正堂与大门皆东向。

大门是三滴水歇山顶的独立门屋，极繁丽，是新修之物。主体院落开敞，南北长约14米，东西宽约10米。正堂单层带外廊，高大敞亮，与左、右两坊的小尺度谦逊形态适成对照。正堂檐下的吊柱挑枋装饰，模拟斗栱形象，优化了立面层次和比例。

正堂照片

前院照片

正堂宽10.2米，深7.6米，廊深1.58米，地面至脊檩上皮6.5米。南北两坊皆宽三间，三架六行，带雨水柱的挂厦楼。一层高2.4米，二层高2.2米。

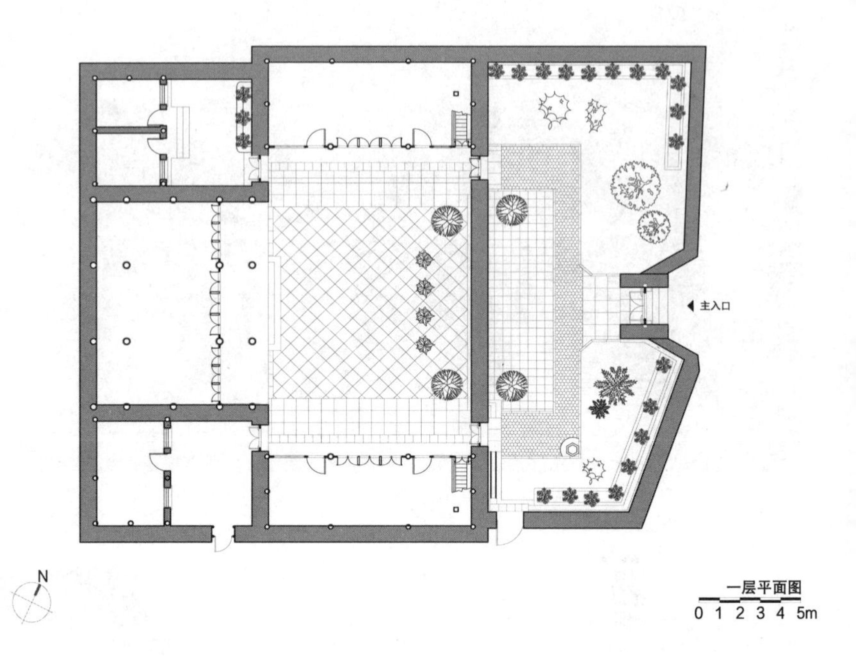

一层平面图

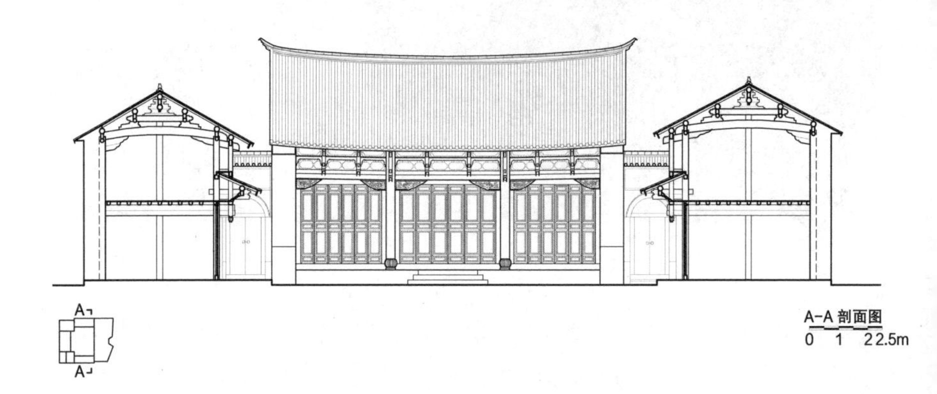

A-A 剖面图

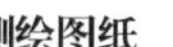

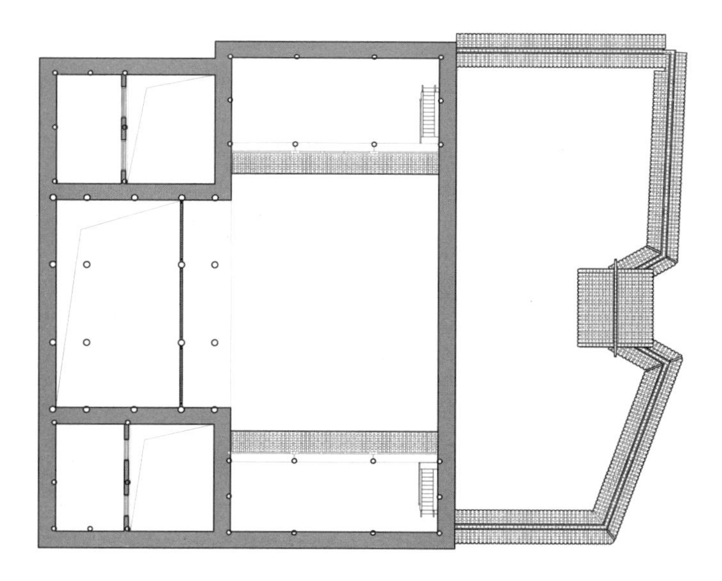

二层平面图

0 1 2 3 4 5m

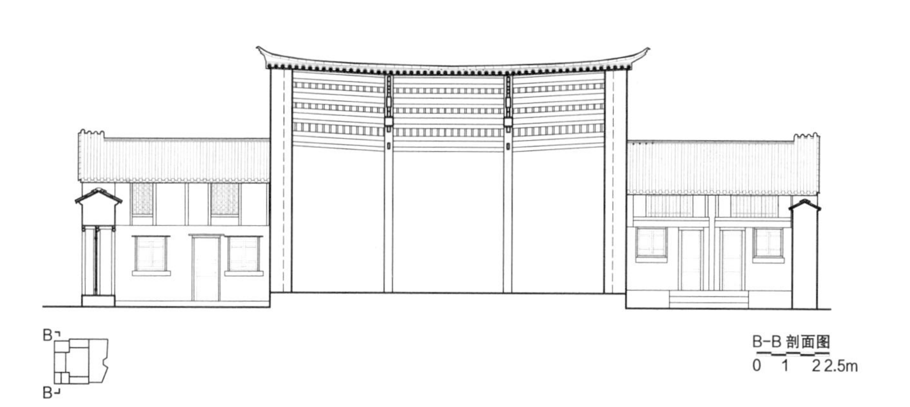

B-B 剖面图

0 1 2 2.5m

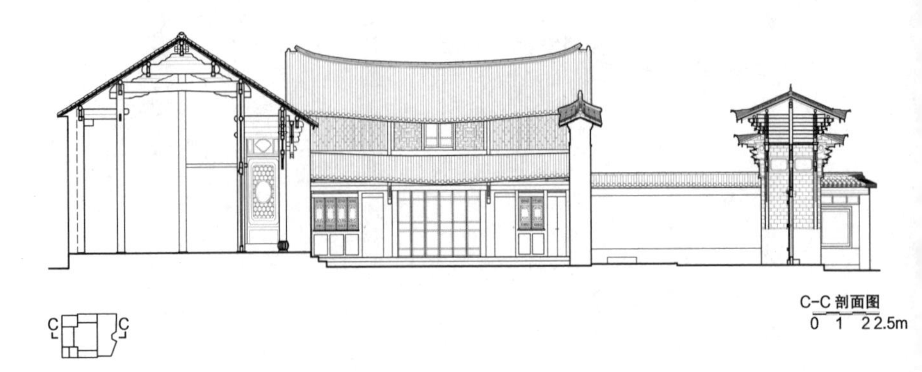

C-C 剖面图

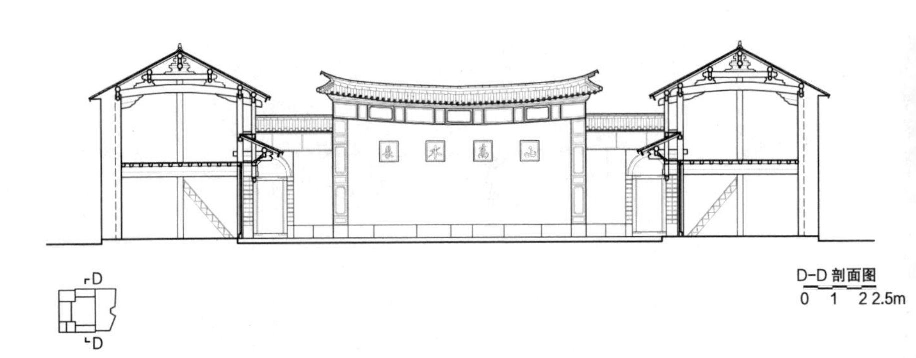

D-D 剖面图

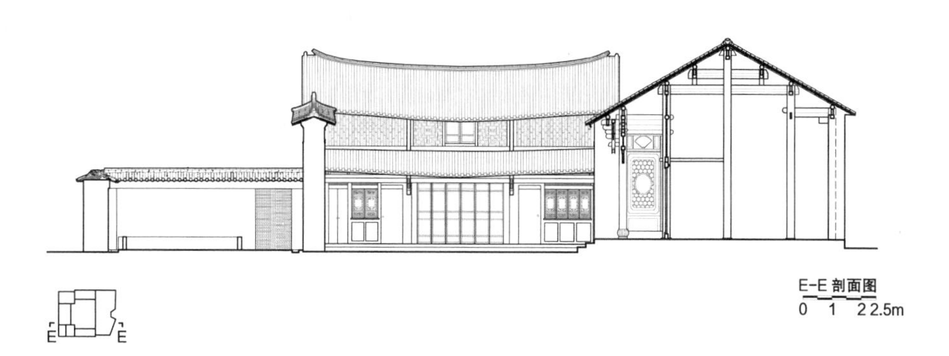

E-E 剖面图
0 1 2 2.5m

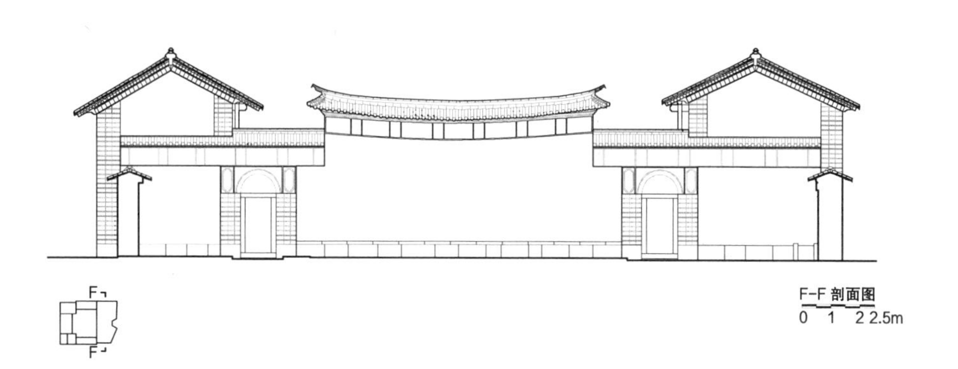

F-F 剖面图
0 1 2 2.5m

测绘名单

	测绘	指导教师	整理
大慈寺 （2016.7）	（观音殿）张小楠 刘晓灵 乔旋 张芷悦 李根；（正殿）曾宸 黄家豪 林彼得 罗泽都；（正殿辅房）罗景春 蒋星晔 戴嘉 何伟勇 苏定邦（西迁纪念馆和牌坊）吴弋冰 朱彤 何国耀 蔡子铮 林潇迪 梁侃 陈姚 李楚洋 （校对）黄钊山 邓舒恒 钟友雷	王浩锋 顾蓓蓓 乔迅翔 饶小军	李奇蔚
紫云山寺 （2017.7）	杨汉章 陈宇轩 陈莹 张婷婷 梁明丹 李畅 梁妙然 刘志远 （校对）周一锋 吴文杰 郑佳慧	顾蓓蓓 乔迅翔 饶小军	林婷
严家大院 （2016.7）	（一号院）贝学成 尹康健 李梓恒；（二号院）侯浩伟 刘妙玲 申梓锋 林仕成 陈乐熹；（三号院及整体拼合）胡杰楠 罗国富 肖新韡 何国耀 郑立鹏 何敏坚；（四号院）高曼 朱彤 贺倩婧 曾尚达（五号院及别墅）宋步凡 林潇迪 （校对）许少钦 吴美欣 陈业文	乔迅翔 顾蓓蓓 饶小军	张潇
尹辅成院 （2016.7）	刘紫乔 史悦 冯秋松 邹满 林嘉庆 林晓佳 马敏玲 刘林生 刘思茜 杨浩洲 蔡碧典 罗越煌 许立基 杨钒 孙雅屹 陈姚 徐泽民 （校对）许少钦 吴美欣 陈业文	顾蓓蓓 乔迅翔 饶小军	张潇
赵廷俊府 （2017.7）	詹丽羚 邓雅珊 游齐光 叶颖昌 潘乐琛 黄子安 韩梓琪 曾瑜雯 叶宪威 叶莎莎 梁家铭 吴迪 邱千 段赢策 王洪铭 陈治元 张家豪 陈景文 钟锦圳 梁嘉诚 （校对）张慧玲 王钧誉 吕泽泽	王浩锋 顾蓓蓓 乔迅翔 饶小军	张潇
杨贵贤院 （2017.7）	陈奕全 龚继承 姜旭东 方钻钊 （校对）王钧誉 张慧玲 吕泽泽	乔迅翔 顾蓓蓓 饶小军	张潇
杨林院	许统维 黄婉仪 赵洋 韩梓琪 （校对）王钧誉 张慧玲 吕泽泽	王浩锋 饶小军	林婷
尹寿卿府 （2017.7）	陈莹 蔡晓晴 郑泽浩 方舟 林晓东	乔迅翔 饶小军	梁艳
尹卓廷院 （2017.7）	（一号院）彭晓涛 李奕峰 陈启航 吴潮军；（二号院）庞业川 赖育彬 钟俊杰 邹迅韬 （校对）黄钊山 邓舒恒 钟友雷	乔迅翔 顾蓓蓓 饶小军	林婷

续表

	测绘	指导教师	整理
尹立廷院 （2017.7）	黄梓言 刘可言 陈弘毅 林佳涵 （校对）黄钊山 邓舒恒 钟友雷	乔迅翔 顾蓓蓓 饶小军	李奇蔚
赵国成院	陈浩源 方培奎 曾坤 杨坤标 赵一帆 许思怡 叶文豪 （校对）周一锋 吴文杰 郑佳慧	王浩锋 顾蓓蓓 乔迅翔 饶小军	李奇蔚
宝成府 （2017.7）	（第一进）麦文苑 蔡颖曦 余健华 陈高佳 （第二进和洋房）邹文丹 刘志帮 林艳 黄璐 赵一帆 许思怡 叶文豪 （校对）周一锋 吴文杰 郑佳慧	朱宏宇 顾蓓蓓 乔迅翔 饶小军	林婷
喜林苑 （2017.7）	（第一进）龙琦 李可仪 黄晓洪 （第二进）吴晓珊 苏奕光 毛浪 （第三进）程梅 陈雅雪 冯珅玮 （校对）许少钦 吴美欣 陈业文	朱宏宇 顾蓓蓓 乔迅翔 饶小军	梁艳
正义门 （2017.7）	陈泽奇 何晓峰 吴文扬 袁奕昊 （校对）陈培恭 张彬淦 张欣	顾蓓蓓 乔迅翔 饶小军	梁艳
东安门 （2016.7）	刘思茜 林嘉庆 马敏玲 （校对）陈培恭 张彬淦 张欣	顾蓓蓓 乔迅翔 饶小军	梁艳
严家祠堂 （2017.7）	曹华清 黄雨慧 李楚君 文惠 （校对）周一锋 吴文杰 郑佳慧	顾蓓蓓 乔迅翔 饶小军	李奇蔚

致谢

本书主要是由深圳大学建筑与城市规划学院传统建筑测绘实习成果整理而成。喜洲古镇是我们的测绘实习基地：2016年由饶小军、乔迅翔、王浩锋、顾蓓蓓老师带队，建筑学2012级57位同学参加；2017年由饶小军、乔迅翔、王浩锋、顾蓓蓓、朱宏宇老师带队，建筑学2014级80位同学参加；2018年乔迅翔、顾蓓蓓老师带领2015级的15位同学对之前的测绘成果进行了校核。2014级硕士生朱墨、黄颖璐分别完成学位论文《以墙体营造技术为导向的大理传统民居类型及演变研究》、《白族传统聚落的空间结构及其类型分析——以云南大理喜洲镇为例》（饶小军教授指导）。梁艳、张潇、林婷、李奇蔚参加了测绘图纸整理，梁艳还提供了建筑说明文字初稿。赵勤著的《大理喜洲白族民居建筑群》是我们了解喜洲建筑的指南，喜洲的历史信息亦得益于董承汉编著的《喜洲珍闻纪实》。

本书测绘调研工作得到了下列人员的大力支持和帮助，特别感谢：

大理省级旅游度假区管委会　赵勤先生（作家，白族人文学者）

大理大学工程学院　赵素梅女士（高工，建筑学教研室主任）

喜洲村党总支书记、村委会主任　杨井岗先生

大理州文物局　孙建先生

喜洲村委会副主任　严蓉华女士

严家大院博物馆负责人 杨凯旋先生、赵永和先生

喜林苑　林登先生

喜洲古镇开发总公司总经理　杨晓文先生

大慈寺主管　赵茂川先生

广州市昱安信息技术有限公司　李安敬先生、杨德校先生